钩出超可爱立体小物件100款

（四季小物篇）

日本美创出版　编著
何凝一　译

河南科学技术出版社
·郑州·

PETITMOTIF
立体花样的巧用方法
EXAMPLE

用手工制作的小花样为身边的物品加入些季节感如何？
下面介绍一些具有各季节活动特色花样的巧用改良方法。

11　净色的包袱袋加入樱花后更显春意。　作品详见P16

16　用几朵康乃馨制作成花束。　作品详见P17

22　只需将鲤鱼旗贴在彩色纸上，就可以制作出可爱的壁挂。
作品详见P21

6月

父亲节

26.27 饱含“感谢”的手机链，用作礼物吧！ 作品详见P24

6月

六月新娘

29 加入别针后用作饰品也非常可爱哦！ 作品详见P28

7月

大海节

43 缝上锚的徽章图案，就像海军一样。 作品详见P33

8月

夏日祭

45.47.48.49.50 盛夏时节，在明信片中加入些趣味盎然的小花样吧！ 作品详见P36・37

10月
体育节

59 与同伴一起制作出颜色不同的钥匙扣吧！ 作品详见P45

10月
万圣节

63.64.65.66 用缝有花样的丝带装点房间，热闹无比。
作品详见P48

11月
七五三

67.68.69 小朋友的纪念日，想给他们留下一本手工相册吗？ 作品详见P49

12月
圣诞节

72.75.76.80.81 制作出各种花样，将圣诞树装点得更可爱。
作品详见P52・56・57

85.87.88.89 把小巧精致的正月装饰品放在玄关，迎接宾客。作品详见P60・61

92 扇轴挂上小草屐，别具新意。 作品详见P64

93.94 一边吃豆子，一边玩扮鬼脸游戏。点心时间也乐趣无穷。 作品详见P65

98.99 在包装上花点心思，表明自己的心意！（用线/粉色系…119，绿色系…243） 作品详见P69

目录
Contents

PART

I

春

3月

女儿节

春天是庆祝女儿节和儿童节的季节。

使用传统的人偶装饰也可以，但用小巧精致的手工人偶装饰更有乐趣。

自己制作的人偶，看起来惹人怜爱，让心里充满温暖。

1 天皇（兔子）

2 皇后（兔子）

钩织方法：P10　设计／制作　河合真弓

兔子脸部的钩织方法〈从中心开始钩织圆环（用线头制作圆环的方法）〉

作品详见P8

1 线在左手的食指上缠两圈后拉出，钩针插入圆环中后抽出线。引拔抽出后如图（右下图）。

2 然后再在针上挂线，引拔抽出后钩织1针立起的锁针。

3 钩织第1行时，先将钩针插入圆环中，钩织短针。

4 钩织完6针短针后暂时抽出针，稍稍拉紧线头。拉动线头时，先拉动小圈（★）一侧，再收紧另一圆环。

5 再拉动线头，收紧中心的圆环。

6 针目挂回针上，钩织第1行的终点处时，先将钩针插入第1针短针的头针中，引拔钩织。然后按照记号图无加减针继续钩织。

7 钩织至第5行后塞入填充棉，接着再钩织第6行。

8 耳朵拼接到脸部的钩织起点侧。耳朵的线头从脸部中间穿过，藏到织片中，注意不要影响到正面的效果。按照相同的要领拼接另一只耳朵，完成。

配色线的替换方法

作品详见P21

1 钩织第3行最后的引拔针时替换上b色线。

2 引拔钩织完成后如图。接着继续钩织第4行。

3 钩织第4行最后的引拔针时替换上c色线。接着钩织第5行，b色线暂时停下放到内侧。

4 钩织第5行最后的引拔针时，将之前停下的b色线向上拉，继续钩织。用同样的方法换上配色线，钩织到最后。

I·2

尺寸…参照图

作品详见P8

重点提示P9

I：Emmygrande <Colors> 紫色系（675）、黑色（901）…各少许
Emmygrande <Herbs> 蓝色系（341）、白色（800）…各1g
Emmygrande <Kasuri> 蓝色系（31）…1g
圆形大串珠淡蓝色…27颗、蓝色…1颗，直径5mm的串珠蓝色、淡蓝色…各2颗
填充棉…少许，黏合剂
蕾丝针2号

2：Emmygrande <Colors> 红色系（188）、紫色系（675）…各少许
Emmygrande <Herbs>粉色系（118）、白色（800）…各1g
Emmygrande <Kasuri>粉色系（11）…1g
圆形大串珠粉色…27颗、蓝色…4颗、黄色…2颗，直径5mm的串珠黄色…1颗
填充棉…少许，黏合剂
蕾丝针2号

脸部

I·2 白色

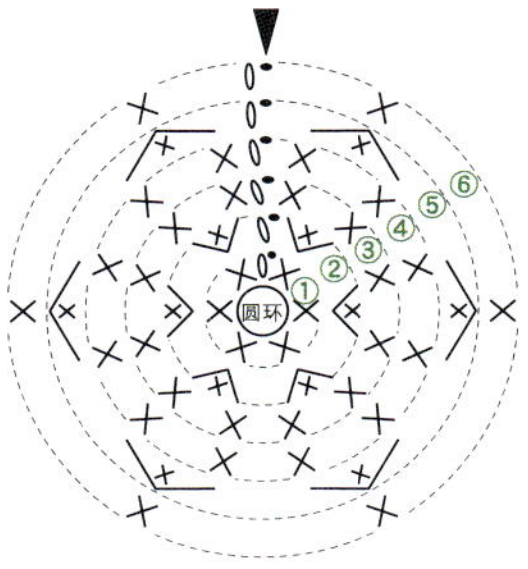

耳朵 2块

I·2 白色

躯干

I 蓝色系（341）
2 粉色系（118）

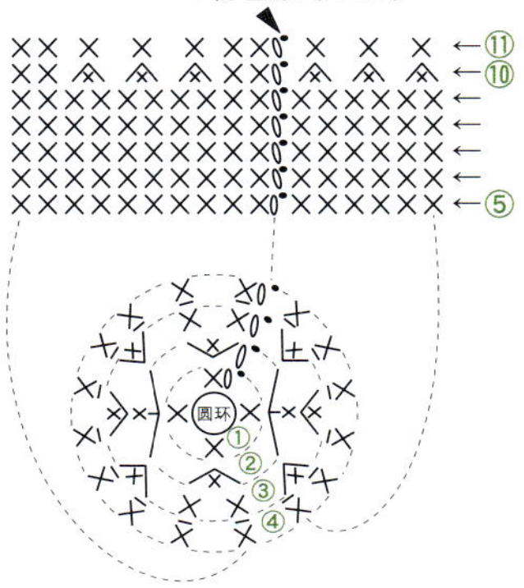

衣服

I蓝色系（31）
2粉色系（11）

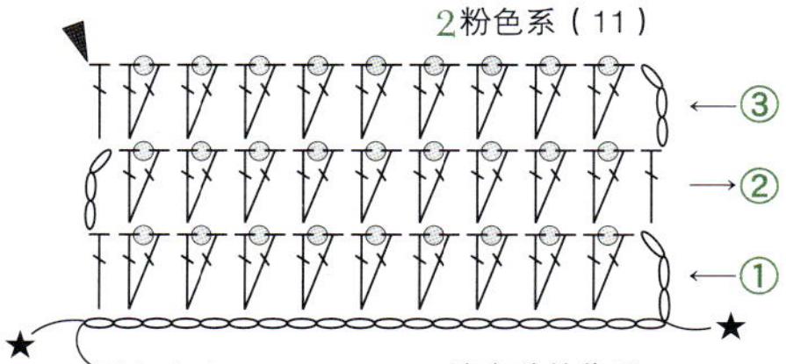

○=缝串珠的位置
I圆形大串珠 淡蓝色
2圆形大串珠 粉色

I笏板

紫色系

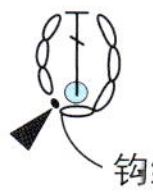

●=缝串珠的位置
圆形大串珠 蓝色

2扇子

紫色系

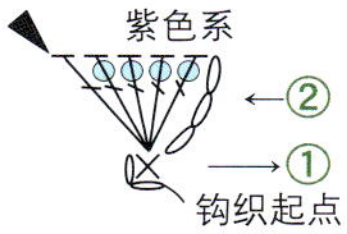

2花

2块
粉色系（11）

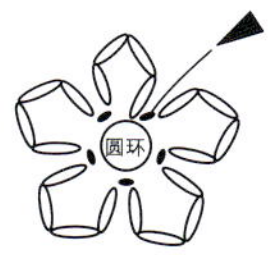

用Kasuri系列深粉色的部分钩织

2

拼接方法

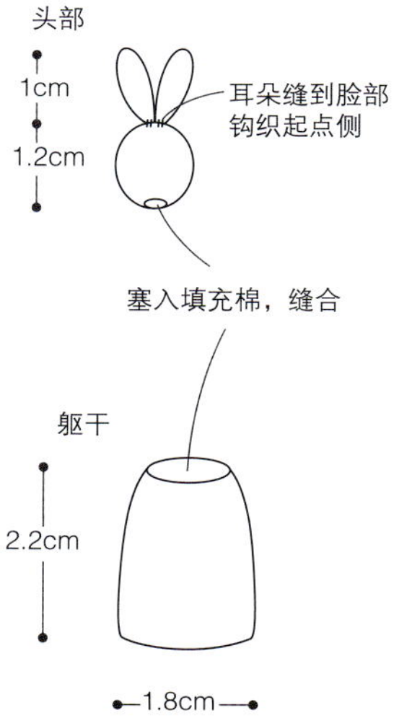

帽带 I黑色 2红色系

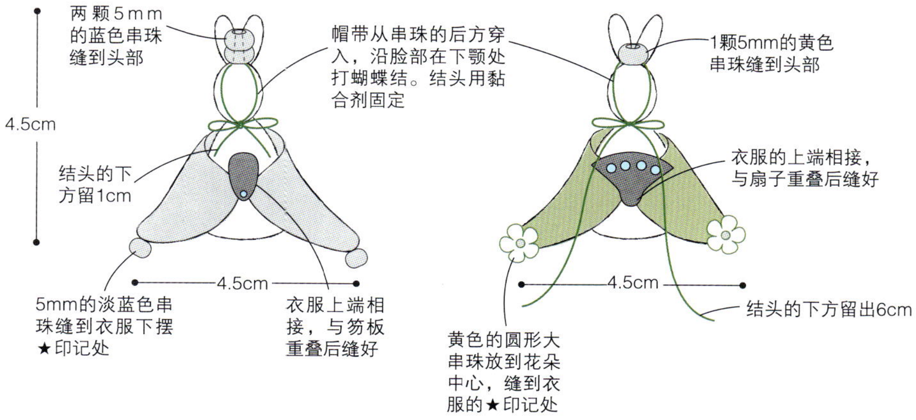

5

尺寸…参照图

作品详见P12

Emmygrande <Colors> 黄色系（543）…1g
Emmygrande <Herbs> 黄色系（582）…1g，茶色系（777）…少许
蕾丝针2号

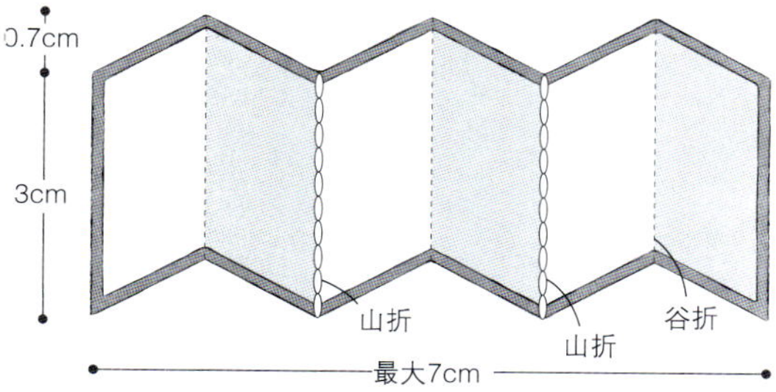

主体

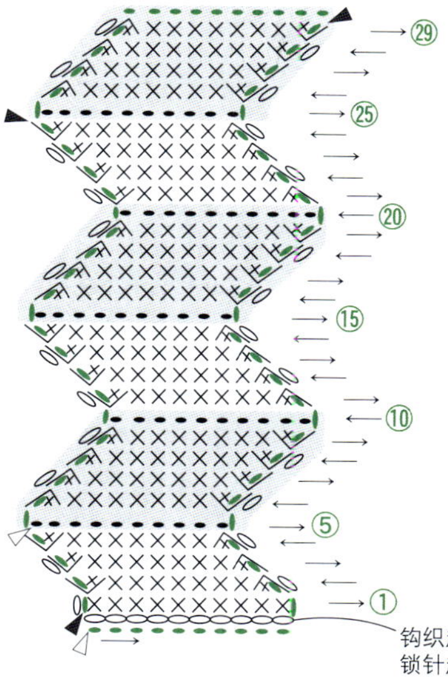

—— = 黄色系（543）
▒ = 黄色系（582）
● = 茶色系

※在上两行的针目中织入第6、11、16、21、26行

6

尺寸…参照图

作品详见P12

Emmygrande <Colors> 白色（801）、黑色（901）…各少许
蕾丝针2号

火光 2块 白色

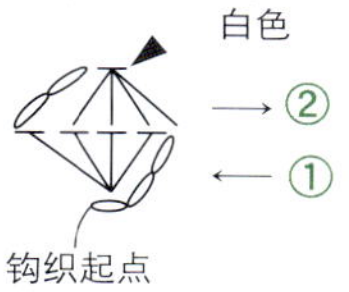

灯座 黑色

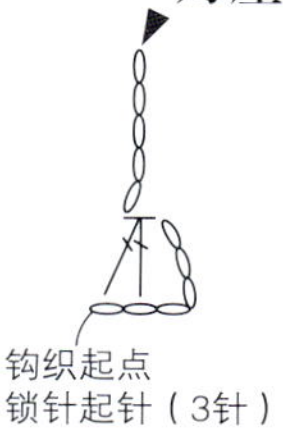

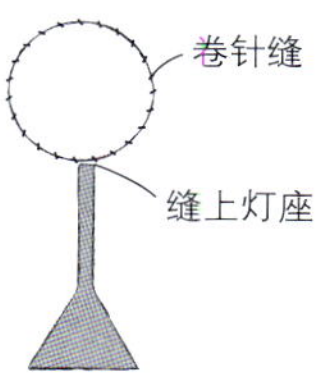

※用同样的方法制作两个

拼接方法

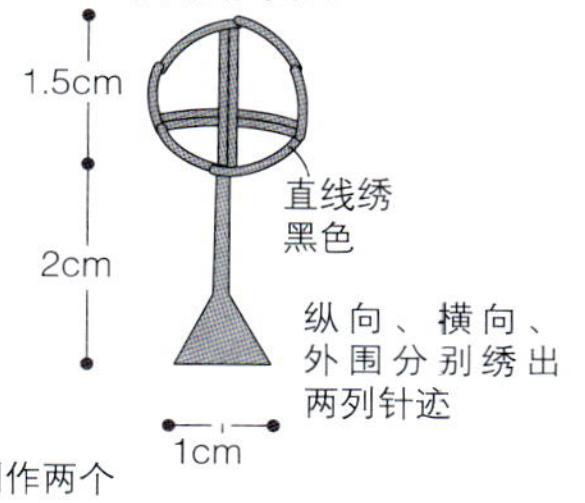

7

尺寸…参照图

作品详见P12

Emmygrande <Colors> 黑色（901）…少许
Emmygrande <Herbs>粉色系（118）、蓝色系（341）、白色（800）…各少许
蕾丝针2号

基底 黑色

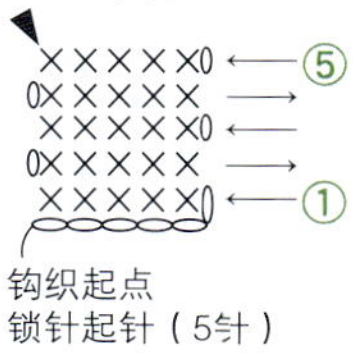

菱饼

A（蓝色系）

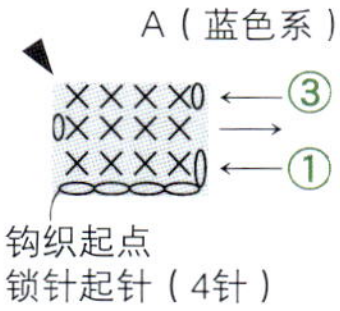

B（白色）

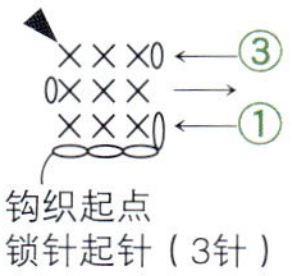

C（粉色系）

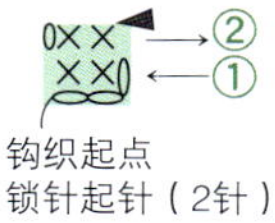

底座 黑色

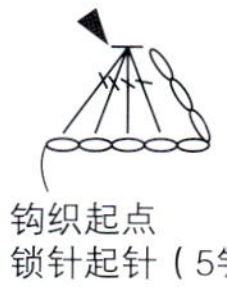

拼接方法

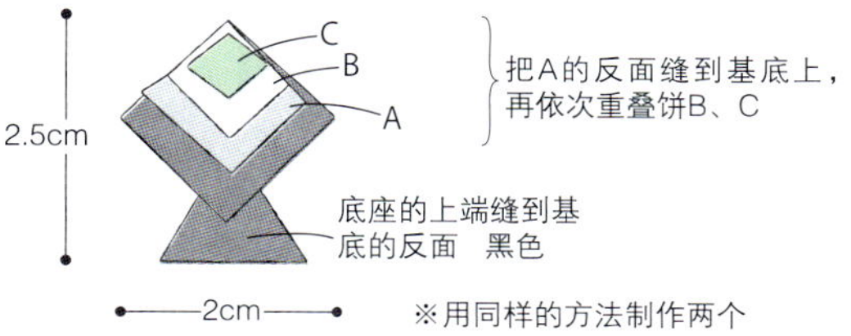

※用同样的方法制作两个

8

尺寸…参照图

作品详见P12

Emmygrande <Colors> 黑色（901）…少许
圆形大串珠粉色…12颗
蕾丝针2号

基底

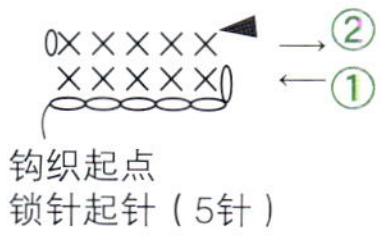

底座

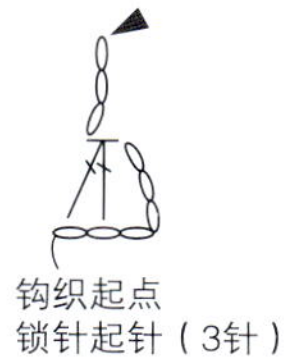

拼接方法

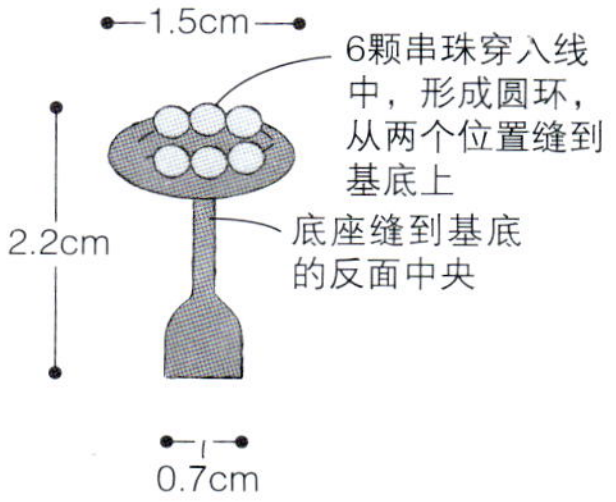

※用同样的方法制作两个

PART

I

3月
女儿节

钩织方法：3a・4a–P14　5・6・7・8–P11　9・10–P15　设计 / 制作　河合真弓

3b
天皇

4b
皇后

钩织方法：3b · 4b—P14　设计 / 制作　河合真弓

3·4

尺寸…参照图

作品详见P12・13

3：Emmygrande <Colors> 蓝色系（354）…1g，绿色系（222）、黑色（901）、仅3a 红色系（188）…各少许
Emmygrande <Herbs> 米褐色系（752）、白色（800）…各少许
Emmygrande <Kasuri> 蓝色系（31）…少许

4：Emmygrande <Colors> 粉色系（155）、黑色（901）、仅4a红色系（188）…各少许
Emmygrande <Herbs> 粉色系（118）…g，粉色系（119）、黄色系（582）、米褐色系（752）、白色（800）…各少许
Emmygrande <Kasuri> 粉色系（11）…少许
蕾丝针2号

躯干

各1块　3a・3b 蓝色系（31）
4a・4b 粉色系（11）

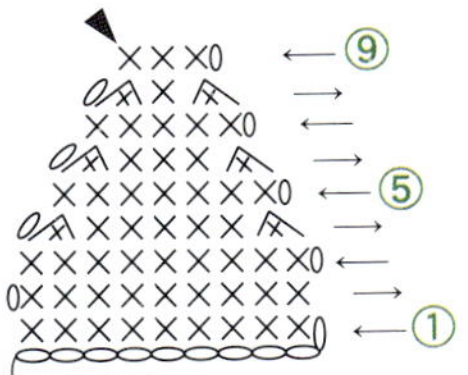

钩织起点
锁针起针（9针）

耳朵

各2块　3b・4b 白色

钩织起点

头部（前面・后面）各1块

前面　白色
3a・4a
3b・4b

后面
3a・4a 黑色
3b・4b 白色

刘海　4a 黑色

钩织起点
锁针起针（12针）

王冠

3a・3b 黑色

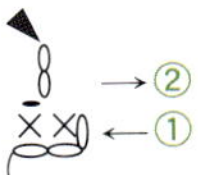

钩织起点
锁针起针（2针）

王冠

4a・4b
黄色系

钩织起点
锁针起针（2针）

衣服（后面・袖子）各1块　3a・3b 蓝色系（354）　4a・4b 粉色系（118）

后面

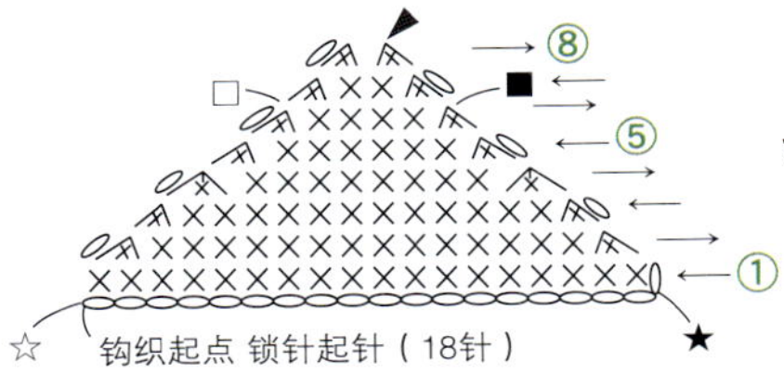

钩织起点 锁针起针（18针）

右侧袖子

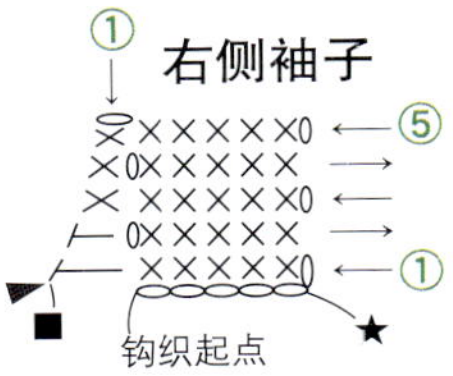

钩织起点
锁针起针（5针）

左侧袖子

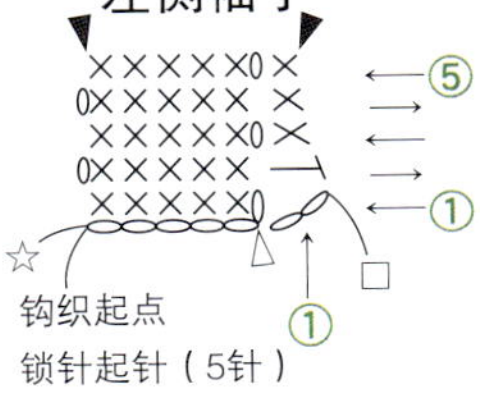

钩织起点
锁针起针（5针）

笏板

3a・3b
米褐色系

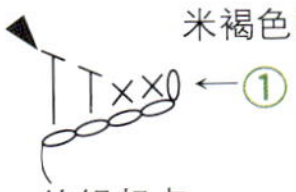

钩织起点
锁针起针（4针）

扇子

4a・4b　—— =米褐色系　—— =粉色系（155）

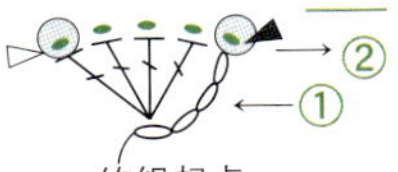

钩织起点

◯ 粉色系（155）长8cm的线对折后拼接到●处

头部的拼接方法

3a

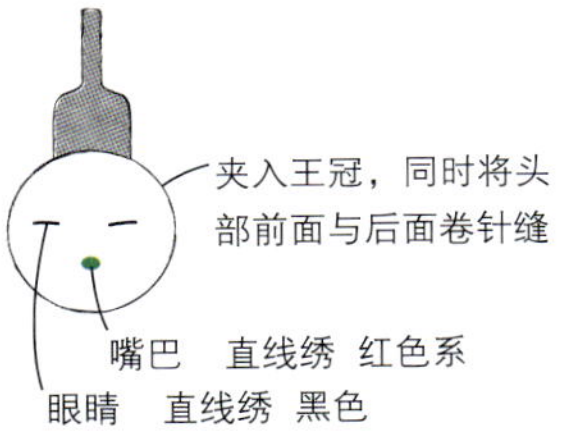

3b　4b

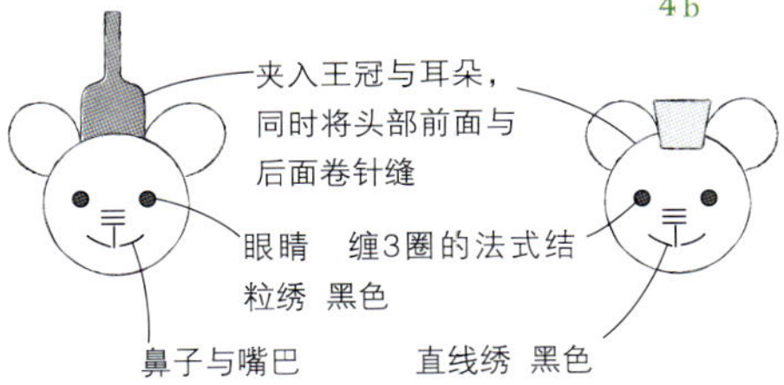

4a

前面

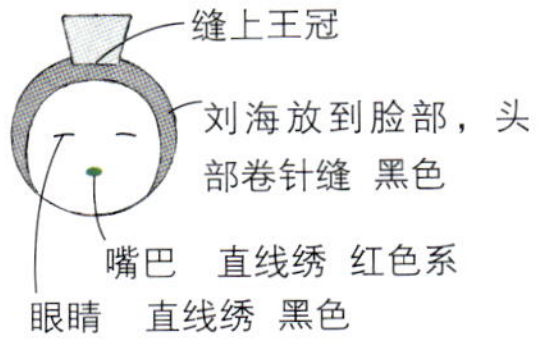

后面

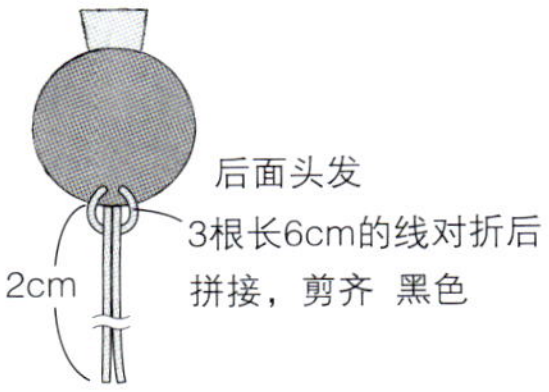

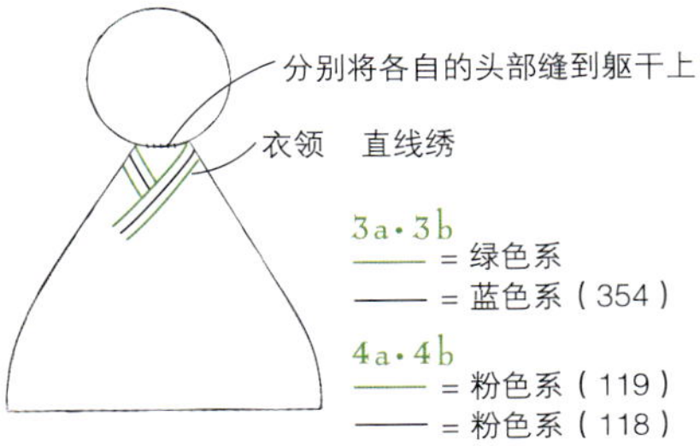

衣服的拼接方法

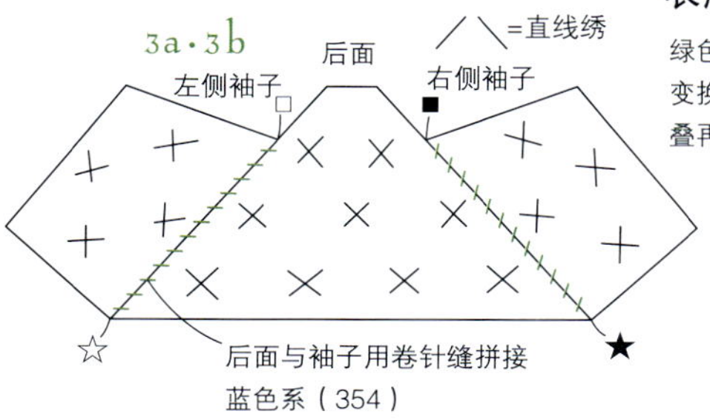

绿色系
变换方向后重
叠再进行刺绣

※拉紧卷针缝线，口与☆、■与★之间为2.5cm

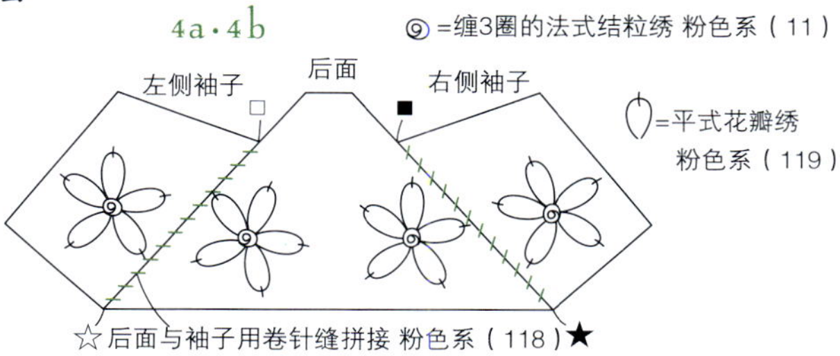

※除头部外，3a与3b、4a与4b按同样的方法缝好
※3b、4b的尺寸相同

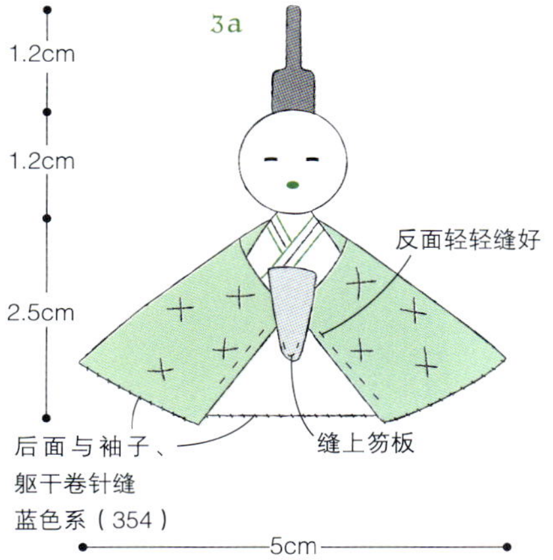

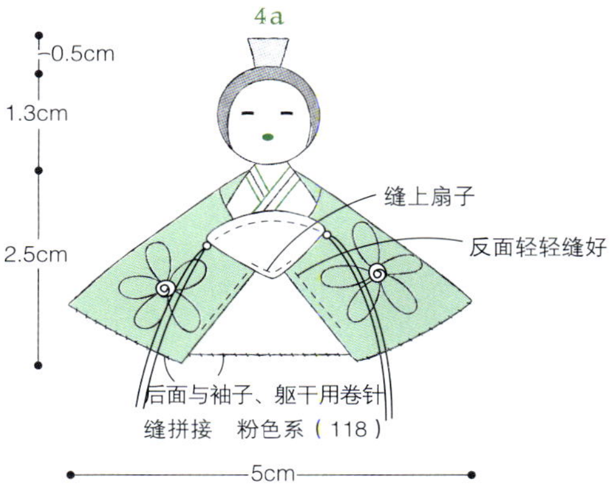

9·10

尺寸…参照图
作品详见P12

9：Emmygrande <Colors> 绿色系（264）…1g，黄色系（555）…少许
Emmygrande <Herbs> 茶色系（777）…1g，米褐色系（814）…少许
10：Emmygrande <Herbs> 茶色系（777）…1g，绿色系（273）、米褐色系（814）…少许
Emmygrande <Kasuri> 粉色系（11）…1g
蕾丝针2号

底座 各2块

9·10 茶色系

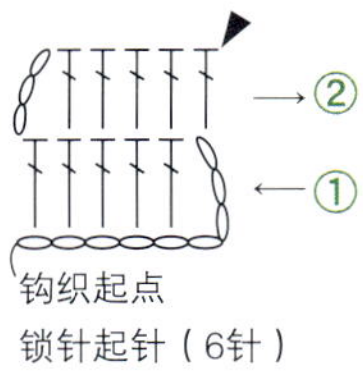

边框 各2根

9·10 米褐色系

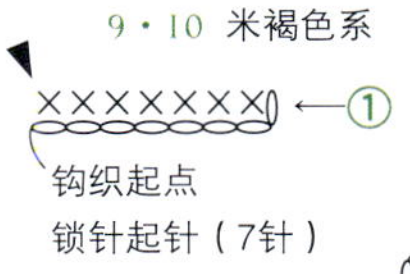

木条

各1根
9·10 米褐色系

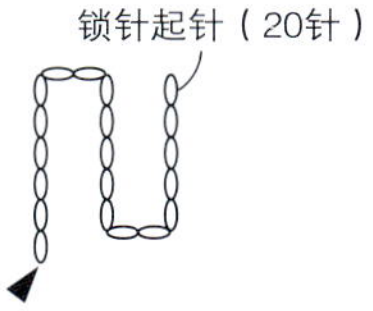

叶子 各3块

9 绿色系（264）
10 绿色系（273）

9 柑橘的基底 绿色系（264）
10 樱花的基底 粉色系

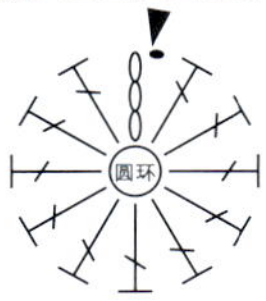

9 柑橘的果实

5块 黄色系

10 樱花

3块 粉色系

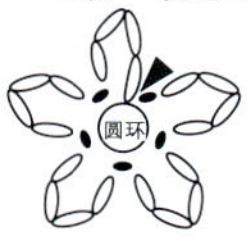

※用Kasuri系列的
深粉色部分钩织

9 柑橘的拼接方法

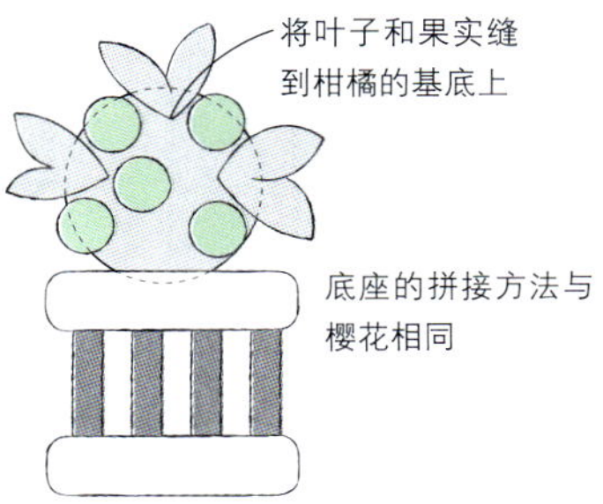

10 樱花的拼接方法

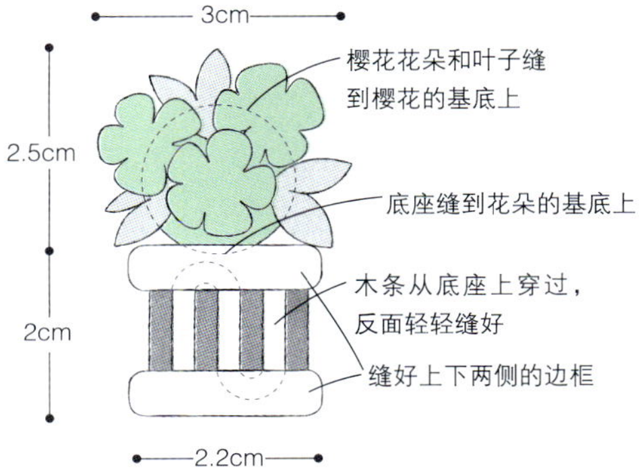

PART

I

4月

赏花

11
樱花
a
b
c

12
江米团

13
赏花便当（寿司）
a
寿司卷
b
油炸豆腐寿司

14
赏花便当（菜品）
a
炸虾
b
鱼糕

钩织方法：P18 设计 / 制作 芹泽圭子

15
卡片

16
康乃馨

17
围裙

5月

母亲节

钩织方法：P19　设计／制作　芹泽圭子

11

尺寸…参照图

作品详见P16

a：Emmygrande <Colors> 白色（801）…少许
Emmygrande <Lame> 粉色系（L116）…少许

b：Emmygrande <Herbs> 粉色系（119）…少许
Emmygrande <Lame> 粉色系（L116）…少许

c：Emmygrande 黄色系（521）…少许
Emmygrande <Lame> 粉色系（L116）…少许

蕾丝针0号

主体

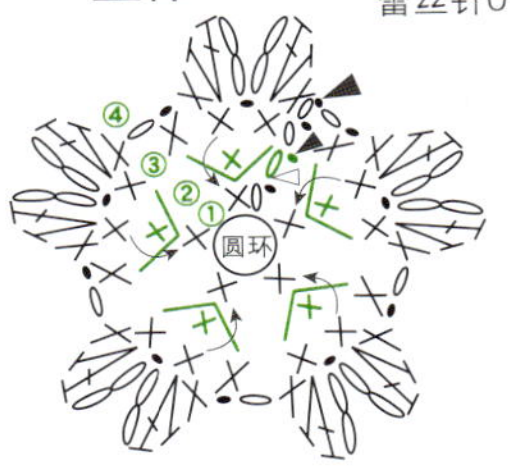

a・b・c 共通
—— = 粉色系（L116）

a —— = 白色

b —— = 粉色系（119）

c —— = 黄色系

12

尺寸…参照图

作品详见P16

Emmygrande <Herbs> 粉色系（118）、绿色系（273）、米褐色系（721）、白色（800）…各少许

填充棉…少许

蕾丝针0号

主体

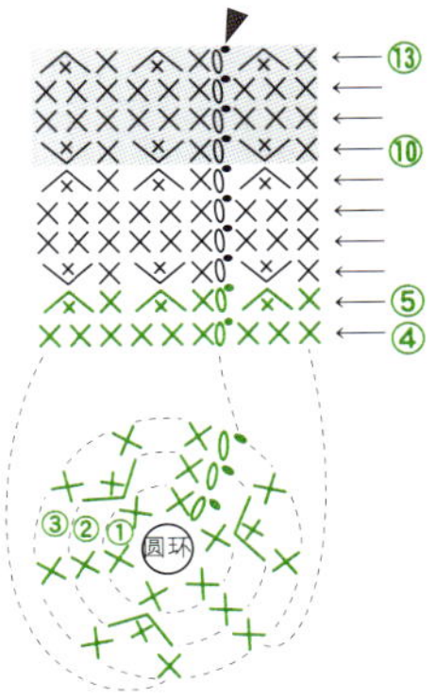

—— = 绿色系
—— = 白色
—— = 粉色系

※塞入填充棉的同时继续钩织

竹签

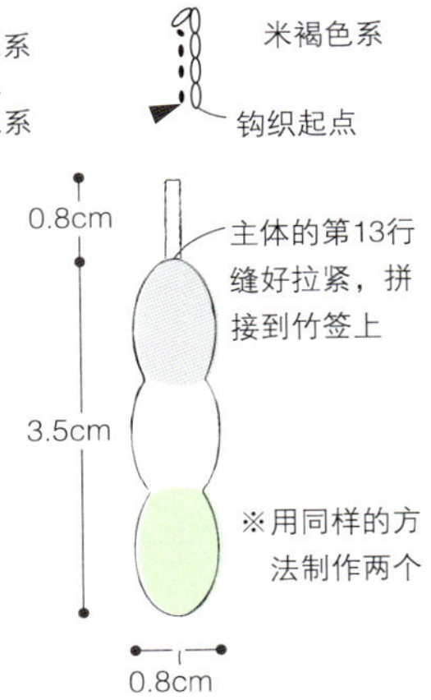

13

尺寸…参照图

作品详见P16

a：Emmygrande 粉色系（104）、灰色系（416）、本白色（804）…各少许
Emmygrande <Colors> 绿色系（229）、黄色系（543）…各少许
Emmygrande <Herbs> 茶色系（745）…少许

b：Emmygrande <Colors> 黄色系（555）…少许

填充棉…少许

蕾丝针0号

a　= 将上一行外侧的半针（1根线）挑起后再钩织

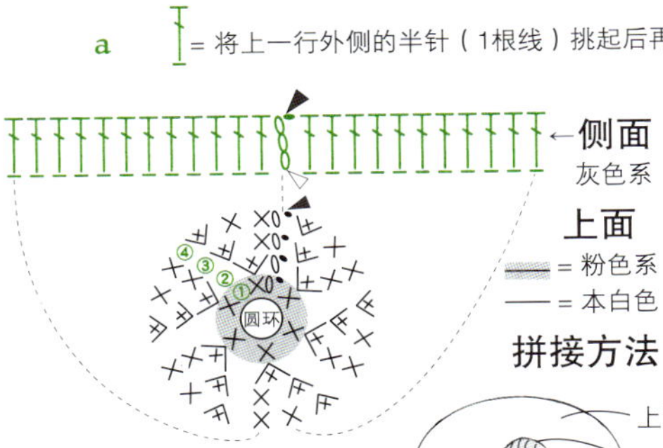

上面

—— = 粉色系
—— = 本白色

底面　本白色

拼接方法

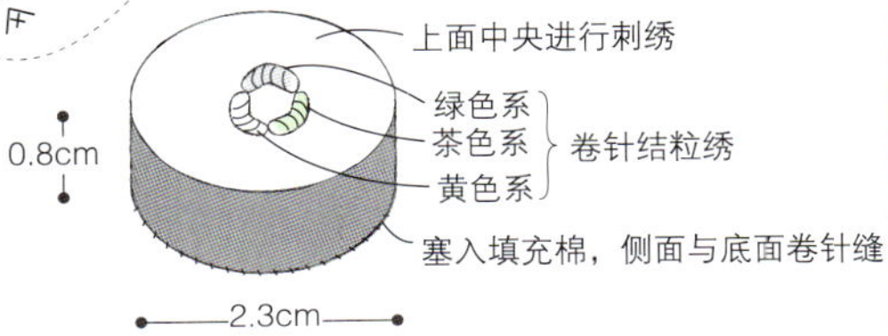

※用同样的方法制作两个

b

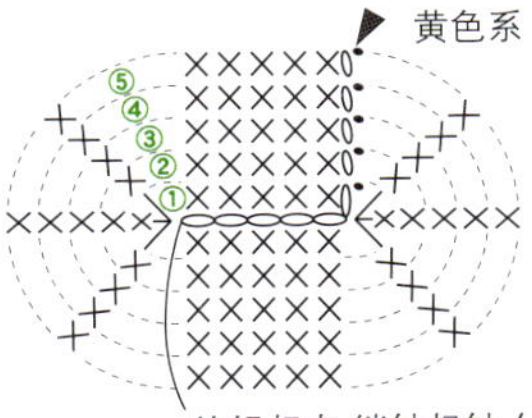

拼接方法

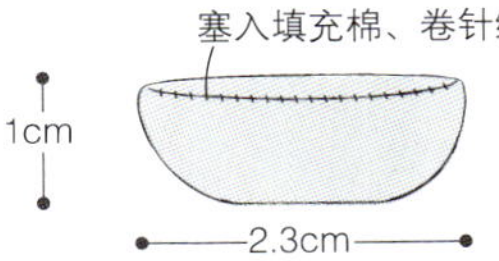

※用同样的方法制作两个

14

尺寸…参照图

作品详见P16

a：Emmygrande 黄色系（520）…少许
Emmygrande <Herbs> 橙色系（171）…少许

b：Emmygrande 粉色系（104）、本白色（804）…各少许

蕾丝针0号

a 主体

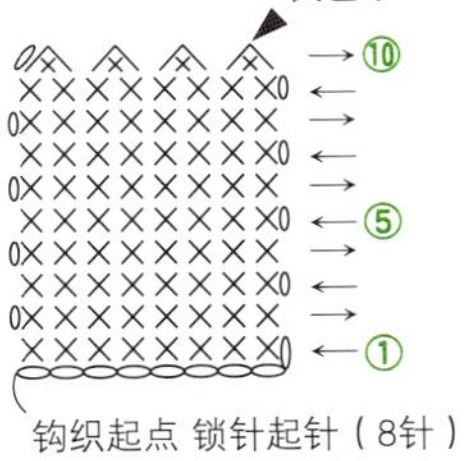

尾巴　橙色系

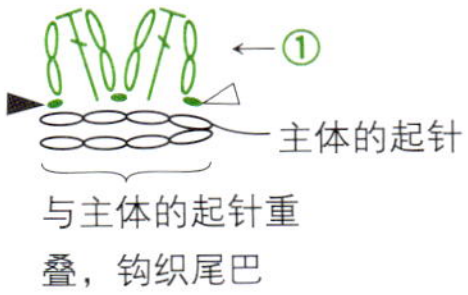

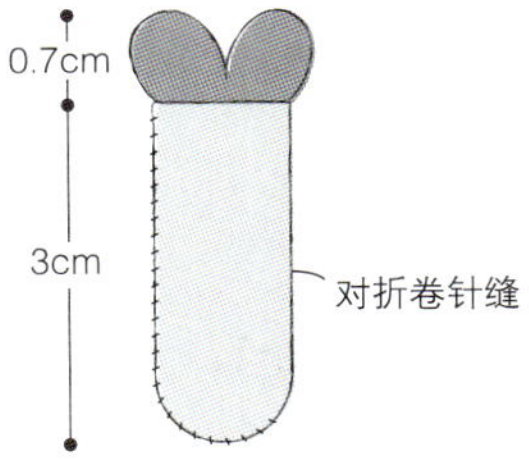

b 主体

—— = 本白色
—— = 粉色系

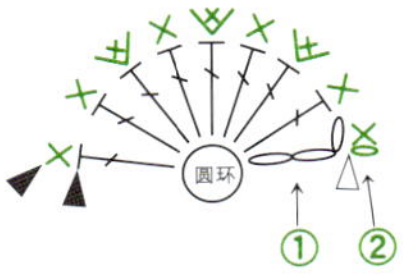

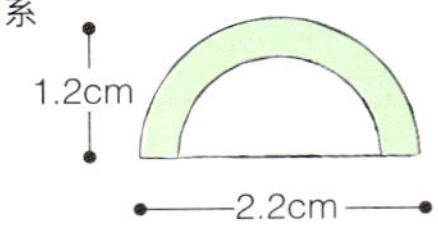

※用同样的方法制作两块

I5

尺寸…参照图

作品详见P17

Emmygrande 本白色（804）…3g，粉色系（102）…少许

a：Emmygrande <Colors> 红色系（188）…少许

b：Emmygrande 粉色系（104）…少许

蕾丝针0号

心形 各1块

a 红色系

b 粉色系（104）

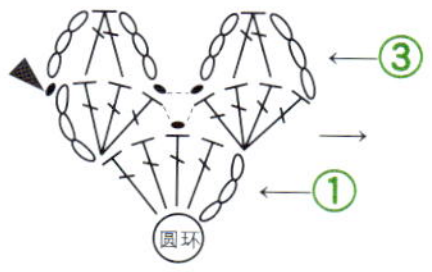

信封

—— = 本白色

—— = 粉色系（102）

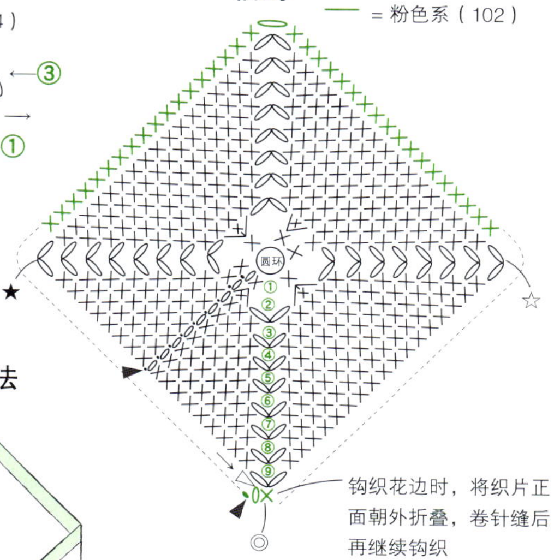

拼接方法

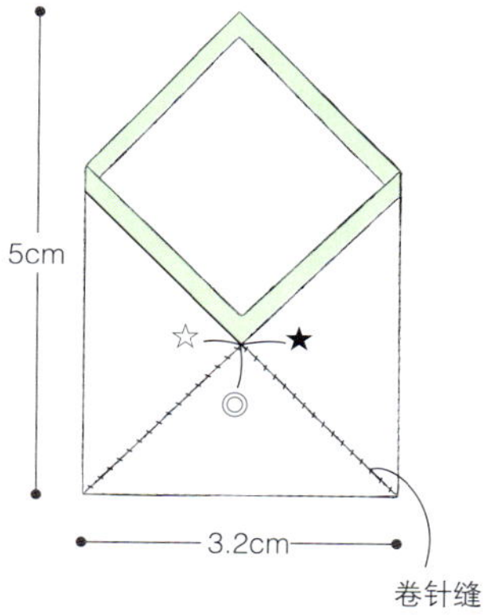

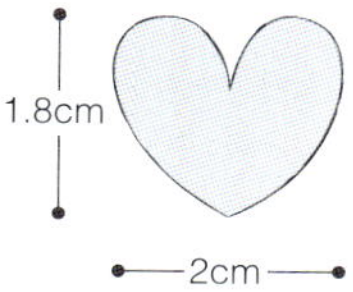

I7

尺寸…参照图

作品详见P17

Emmygrande 黄色系（520）…2.5g

Emmygrande <Colors> 黄色系（555）…少许

圆形大串珠 奶油色 …2颗

蕾丝针0号

—— = 黄色系（520）

—— = 黄色系（555）

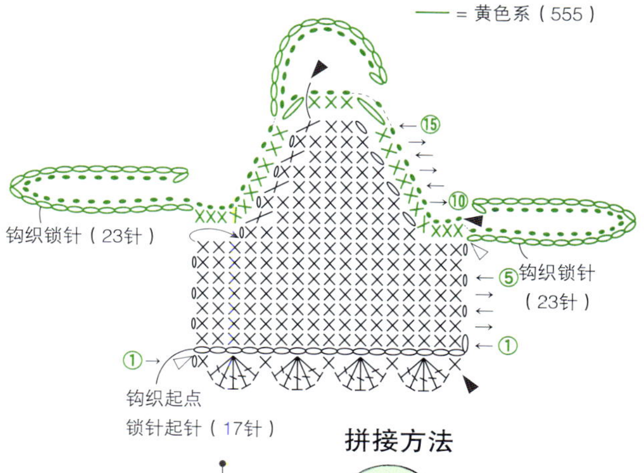

拼接方法

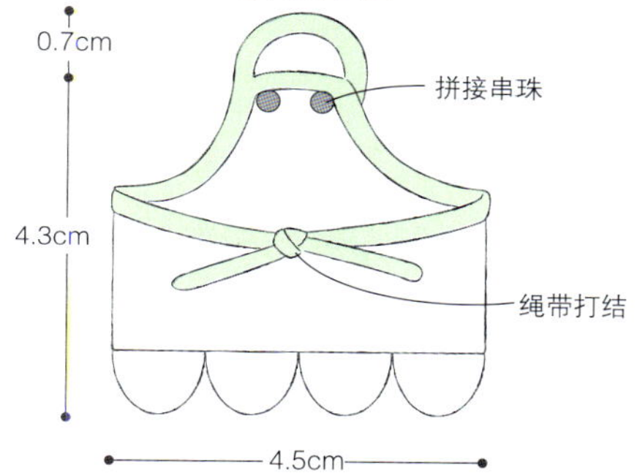

↶ = 渡线

I6

尺寸…参照图

作品详见P17

Emmygrande <Colors> 绿色系（265）…1g

a：Emmygrande <Colors> 红色系（188）…1g

b：Emmygrande <Herbs> 白色（800）…1g

蕾丝针0号

花 a 红色系 b 白色

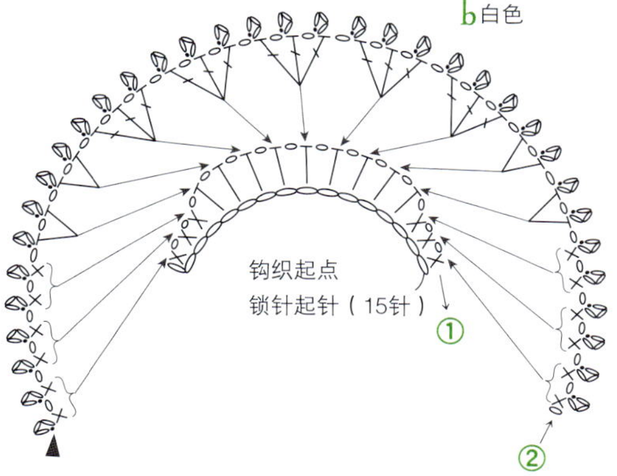

花萼 a·b 各1块 绿色系

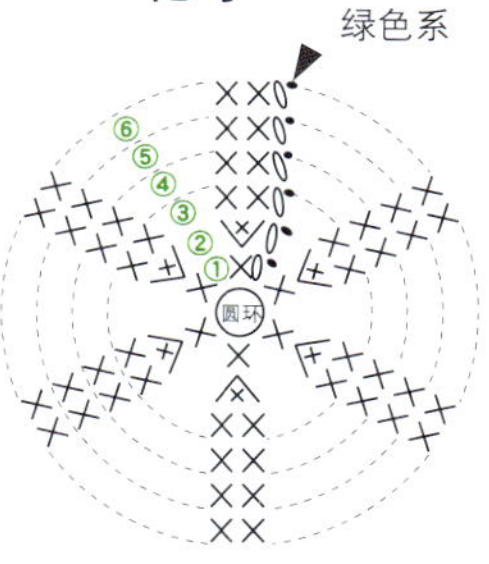

↓（第2行）= 在第1行箭头的位置中钩织

茎和叶子 a·b 各1块 绿色系

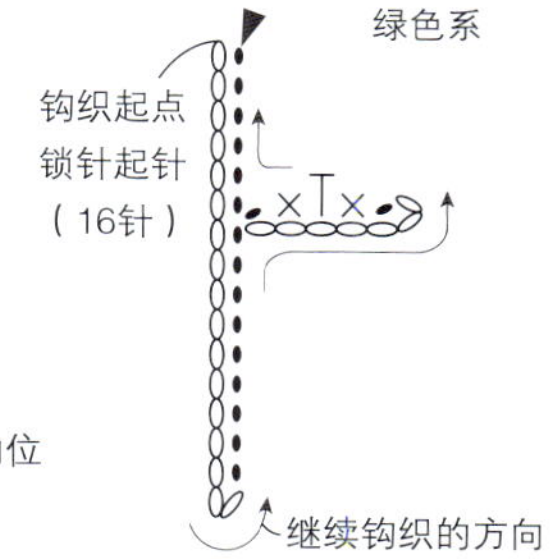

拼接方法

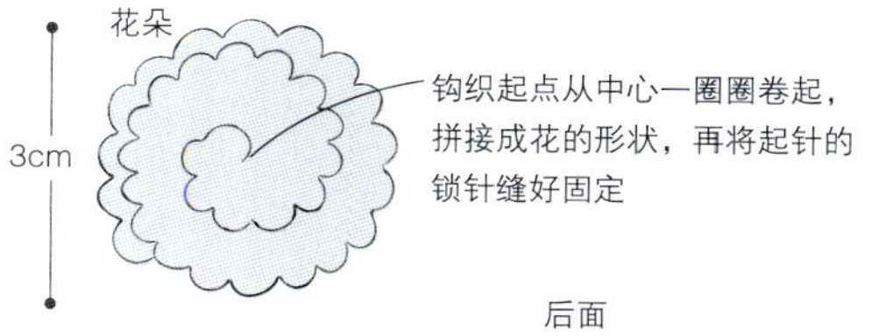

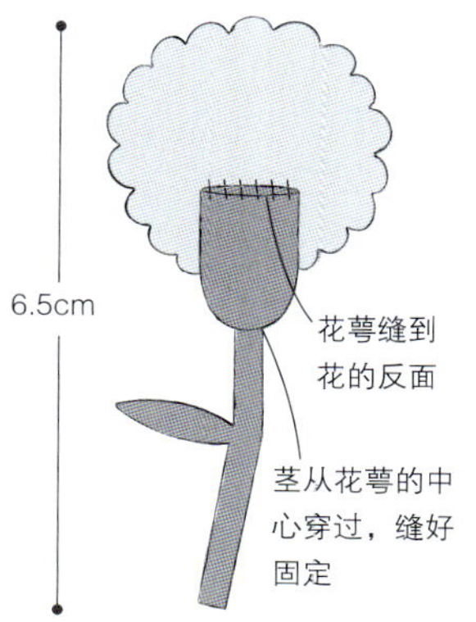

PART

I

18
头盔

19
刀

20
菖蒲

5月
儿童节

钩织方法：P22 设计 / 制作 Oka Mariko

21
金太郎

22
鲤鱼旗

23
柏叶年糕

24
粽子

钩织方法：21 · 22 · 24–P23　23–P22　设计 / 制作　Oka Mariko

18

尺寸…参照图

作品详见P20

Emmygrande 黄色系（520）…少许
Emmygrande <Colors> 黄色系（555）、紫色系（675）…各少许
Emmygrande <Herbs> 茶色系（745）…少许
钩针2/0号

头盔装饰　黄色系（520）

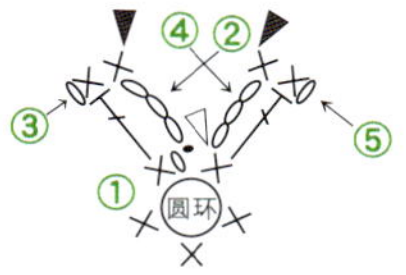

护颈甲　2块　茶色系

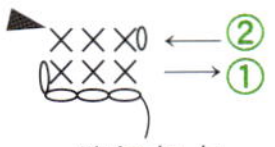

钩织起点
锁针起针（3针）

前面

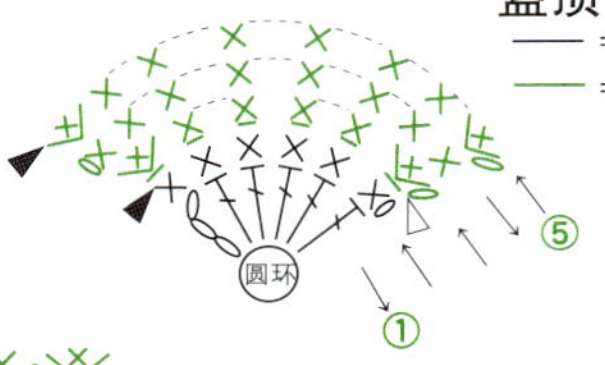

盔顶

—— = 茶色系
—— = 紫色系

后面　茶色系

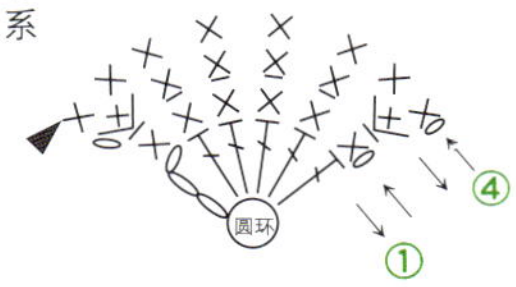

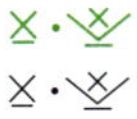 = 短针的挑针

拼接方法

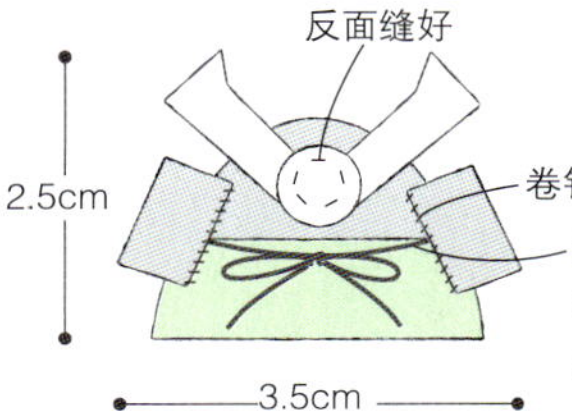

30cm的黄色系（555）线
从头盔中穿过，打蝴蝶结

后面

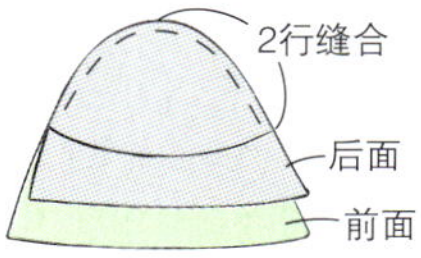

20

尺寸…参照图

作品详见P20

Emmygrande 黄色系（521）…少许
Emmygrande <Colors> 绿色系（264）、紫色系（675）…各少许
钩针2/0号

花　2块　紫色系

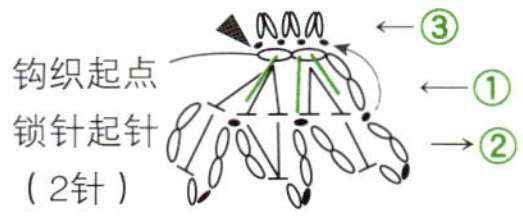

= 渡线
—— = 直线绣 黄色系

※仅正面1块绣出针迹

茎和叶子　绿色系

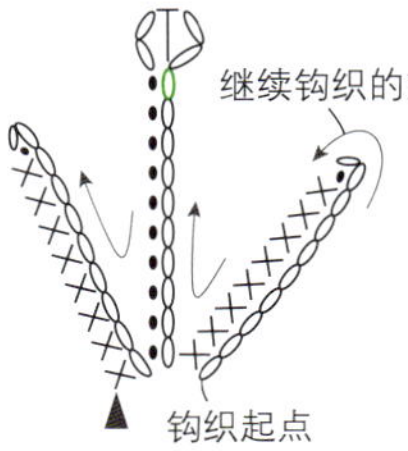

钩织起点
锁针起针（9针）

※ ┬ 在 ⬭ 处编织

拼接方法

后面

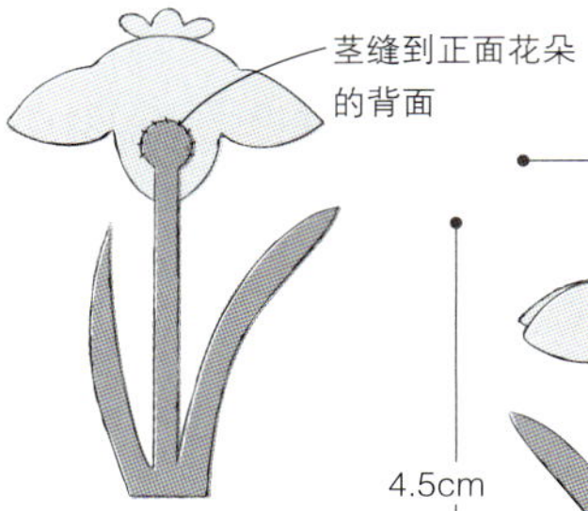

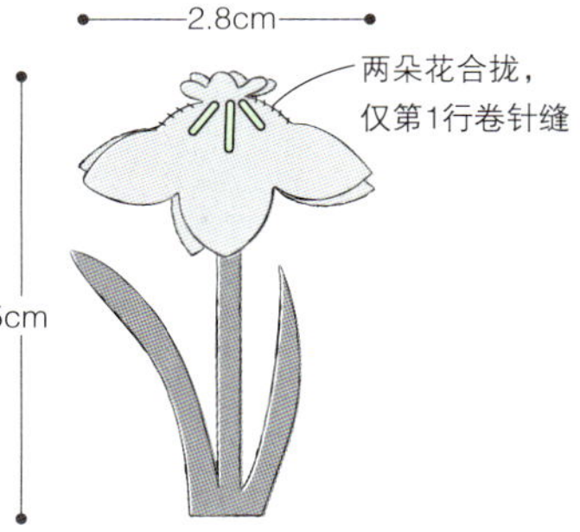

19

尺寸…参照图

作品详见P20

Emmygrande 黄色系（521）…少许
Emmygrande <Colors> 黑色（901）…少许
钩针2/0号

主体

刀柄

—— = 黑色
—— = 黄色系

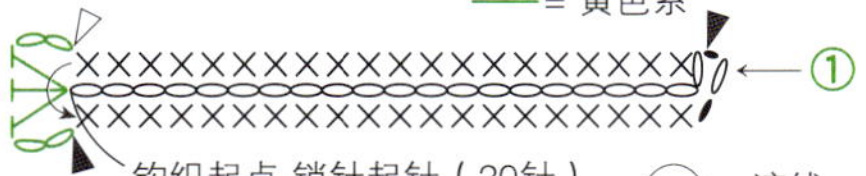

钩织起点 锁针起针（20针）　= 渡线

护手　黄色系

钩织起点 锁针起针（8针）

拼接方法

对折后挑半针卷针缝缝好

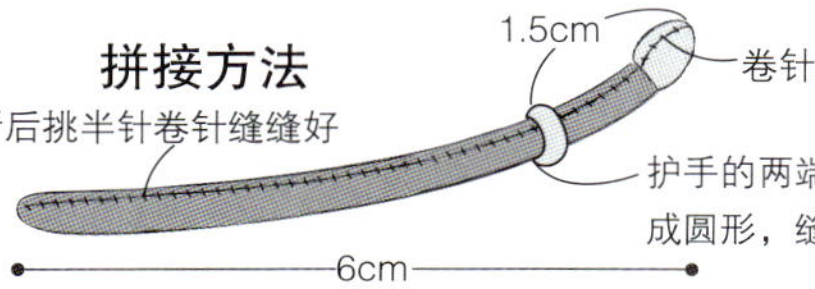

护手的两端对齐，形成圆形，缝到主体上

23

尺寸…参照图

作品详见P21

Emmygrande 绿色系（288）…少许
Emmygrande <Herbs> 白色（800）…少许
钩针2/0号

年糕　白色

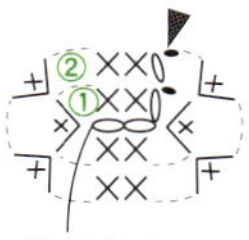

钩织起点
锁针起针（2针）

柏叶　绿色系

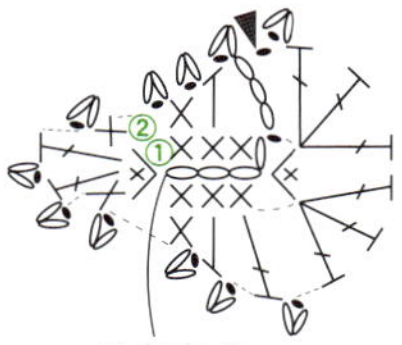

钩织起点
锁针起针（3针）

拼接方法

年糕夹到中间，
柏叶折叠后在标
记处缝好

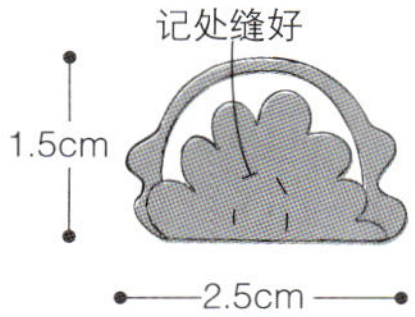

21

尺寸…参照图

作品详见P21

Emmygrande 灰色系（486）…少许

Emmygrande <Colors> 红色系（188）、黑色（901）…各少许

Emmygrande <Herbs> 米褐色系（732）…1g，茶色系（745）…少许

钩针2/0号

头部与身体

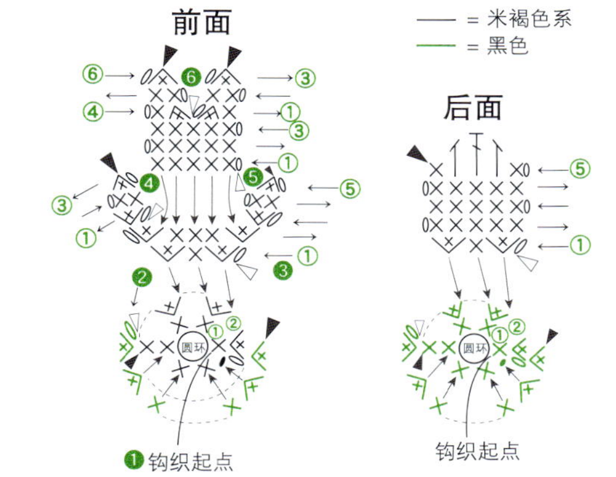

※头部开始钩织时不需要织入立起的锁针

肚兜 红色系

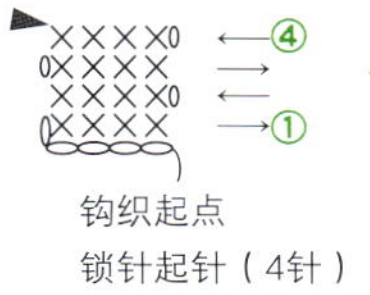

板斧

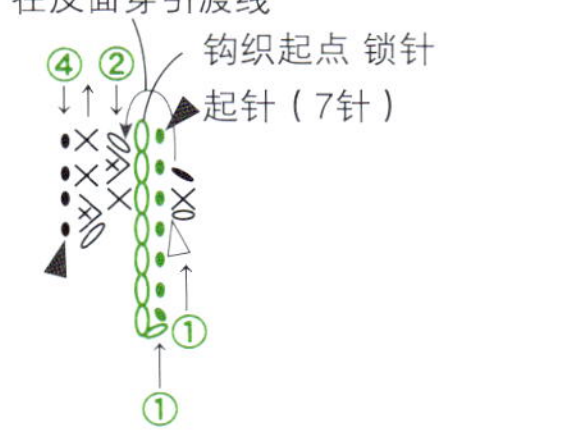

拼接方法

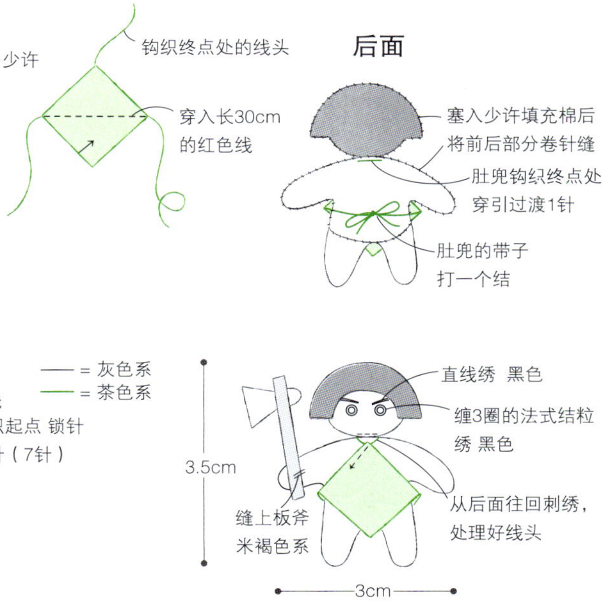

22

尺寸…参照图

作品详见P21

重点提示P9

Emmygrande 粉色系（161）、蓝色系（357）、米褐色系（736）、黄色系（521）…各少许

Emmygrande <Colors> 黑色（901）…少许

Emmygrande <Herbs> 红色系（190）、白色（800）…各少许

Emmygrande<Lame> 蓝色系（L302）…少许

钩针2/0号

鲤鱼

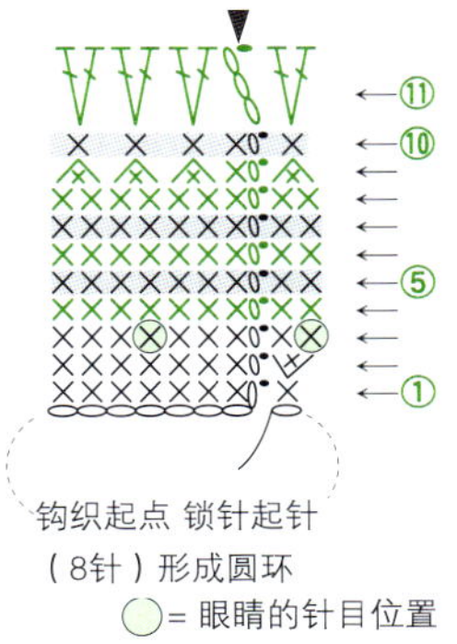

竹竿 米褐色系

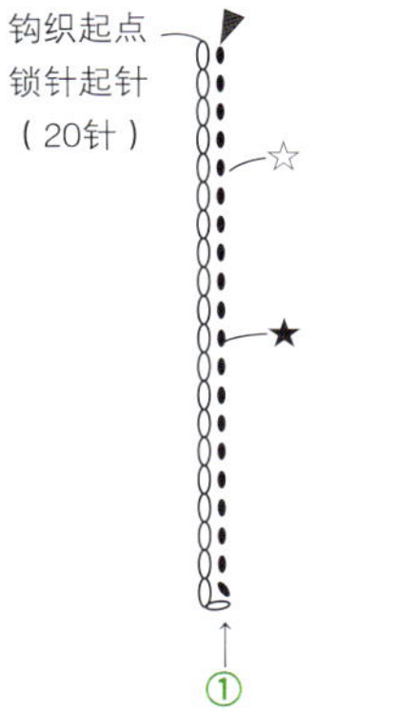

风车 2块

拼接方法

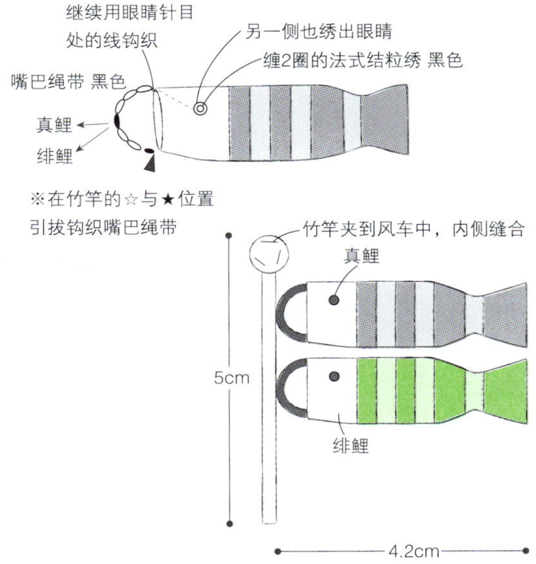

24

尺寸…参照图

作品详见P21

Emmygrande 绿色系（238）、米褐色系（736）…各少许

钩针2/0号

主体 3个

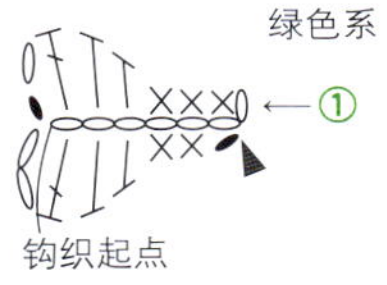

※钩织终点处留出20cm线头

绳带 米褐色系

主体卷针缝的位置朝内，分别从3个部分挑针

拼接方法

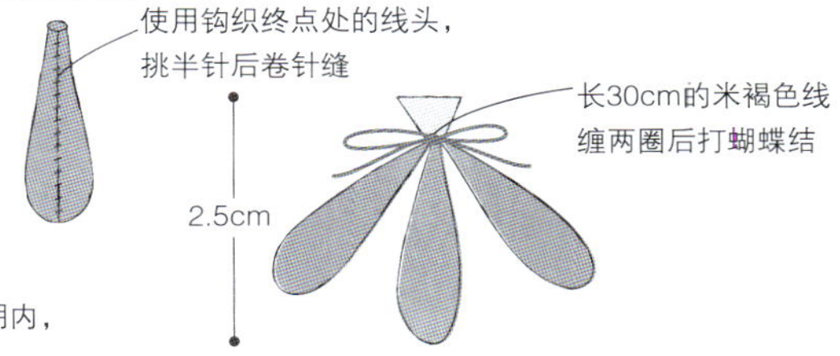

PART Ⅱ
夏

6月
父亲节

清凉的夏天有好多活动。

比如在海滩寻觅漂亮的贝壳；穿上浴衣，打扮得漂漂亮亮去参加节日活动。

让夏天的回忆里多一份手工制作的花样，多一份快乐吧。

钩织方法：P26　设计 / 制作　河合真弓

重点提示 28 皇冠头饰

作品详见P28

织入串珠的方法（在锁针中钩织）

锁针中织入1颗 

锁针中织入3颗 

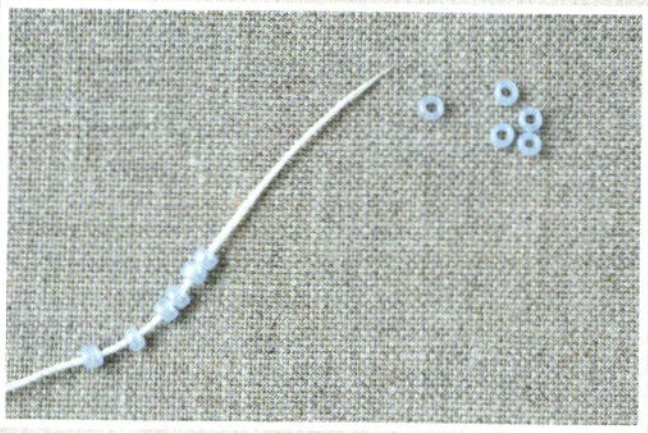

1 开始钩织前，先将必要数量的串珠穿入线中。线头4~5mm处涂上黏合剂固定，黏合剂晾干后再穿过串珠。

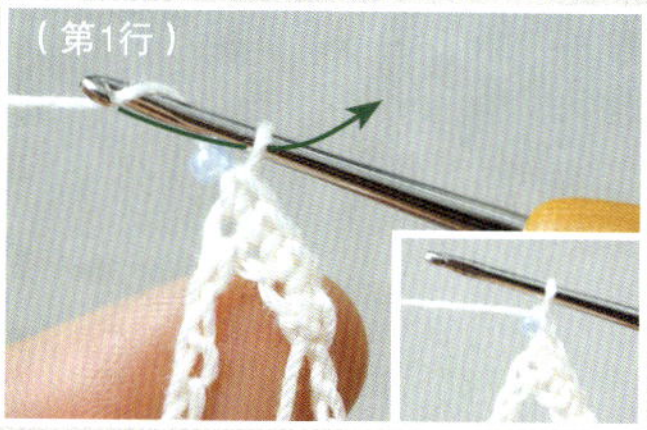

2 钩织完3针锁针后，将1颗串珠置于内侧，针上挂线后引拔钩织。引拔钩织完成后如图（右下图）。再按相同的要领，在1针锁针中织入1颗串珠，继续钩织第1行。

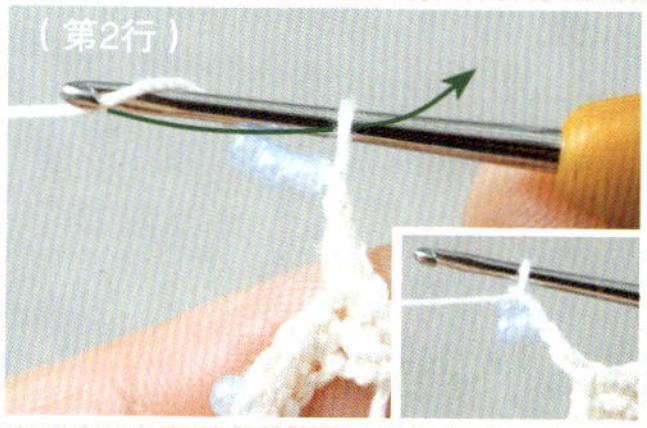

3 钩织1针短针。钩织完2针锁针后，将3颗串珠置于内侧，针上挂线后引拔钩织。引拔钩织完成后如图（右下图）。再按相同的要领，在1针锁针中织入3颗串珠，继续钩织第2行。第3行用同样的方法钩织。

4 皇冠头饰完成。织入的串珠出现在织片的反面。

重点提示 30 戒指

作品详见P28

织入串珠的方法（在短针中钩织）

在短针中织入1颗 

在短针的挑针中织入1颗 

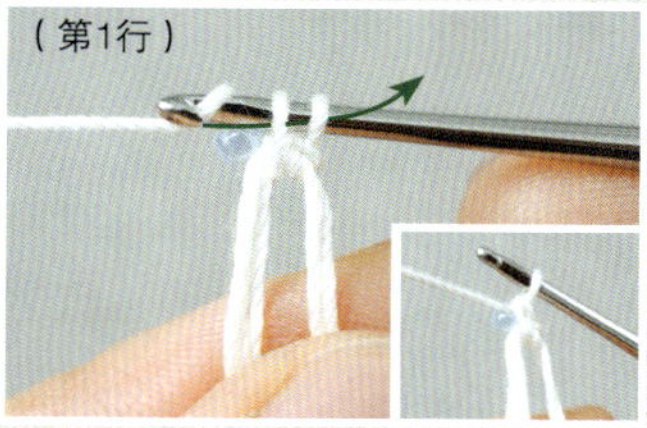

1 开始钩织前，先将必要数量的串珠穿入线中。钩织第1行时，将钩针插入圆环中，挂线后抽出，1颗串珠放到内侧，针上挂线后引拔钩织。在1针短针中织入1颗串珠后如图（右下图）。

2 按相同的要领一边织入串珠一边钩织6针锁针。最后的针目在第1针中引拔钩织，完成第1行。织入的串珠出现在织片的反面（右下图）。

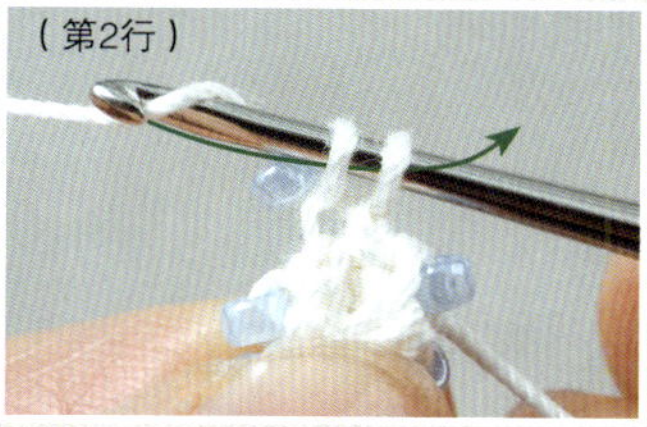

3 钩织第2行时先在1针分2针的短针挑针（将上一行的外侧半针挑起，钩织短针）两侧各织入1颗串珠。在第1针短针的挑针中织入串珠后如图。钩织第3行时，则是在1针短针的挑针中织入1颗串珠。

4 钩织到最后，织片翻到反面。

重点提示 42 救生圈

作品详见P33

配色花样的钩织方法（包住配色线钩织的方法）

1 钩织配色花样之前的最后1针长针，在引拔穿过最后两个线圈时换上b色线。

2 包住a色线与b色线的线头，同时钩织长针。

3 钩织b色线长针的最后两个线圈时换上a色线。按同样的方法换线钩织至最后。

4 最后的针目在第1针中引拔钩织，完成后拉紧中心圆环的线头，调整圆环的大小。

25

尺寸…参照图

作品详见P24

Emmygrande <Colors> 本白色（804）…1.5g，蓝色系（391）…少许
Emmygrande <Herbs> 茶色系（777）…1g
蕾丝针2号

中心页 本白色

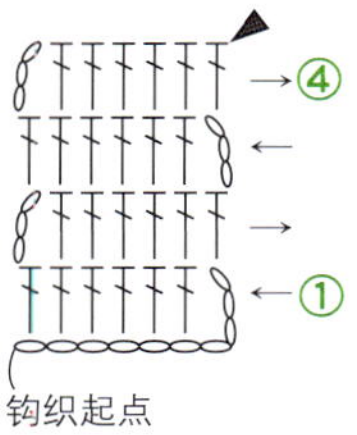

打开页 本白色

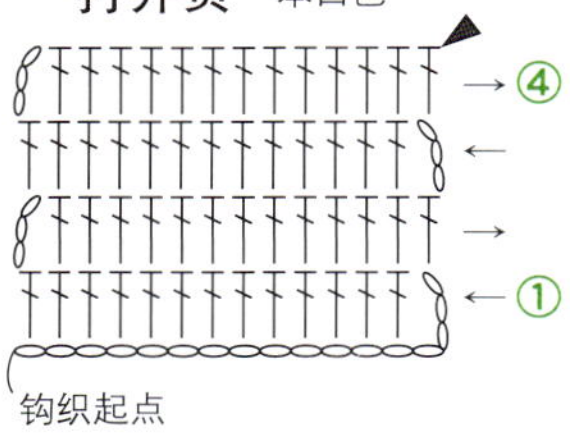

皮扣 茶色系

扣圈 蓝色系

封面

——= 茶色系 ⬬= 蓝色系

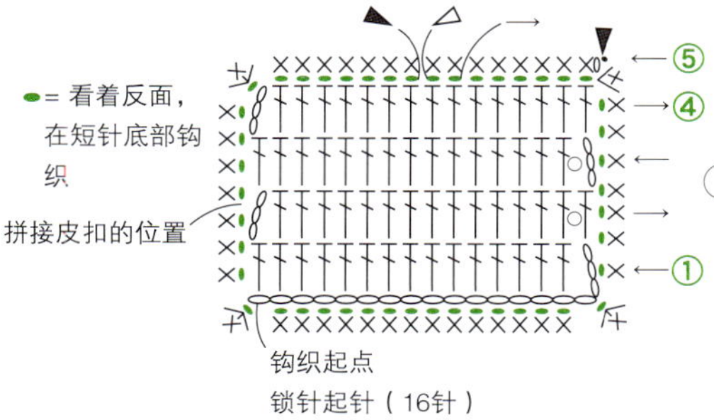

拼接方法

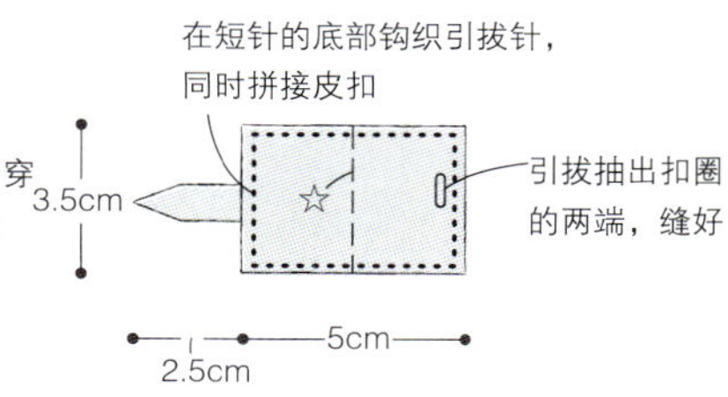

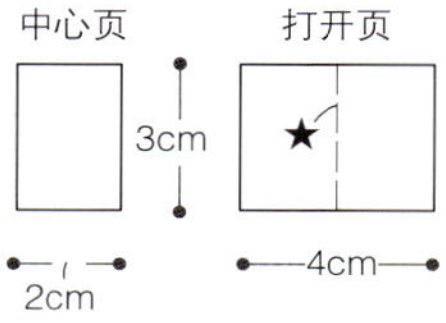

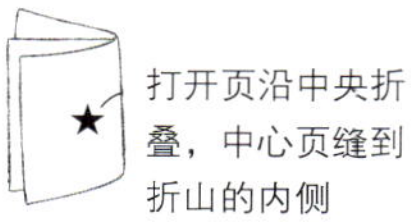

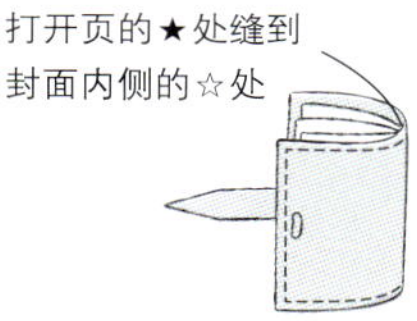

26

尺寸…参照图

作品详见P24

Emmygrande <Colors> 白色（801）、黑色（901）…各少许
Emmygrande <Herbs> 黄色系（582）…少许
蕾丝针2号

表盘

—= 白色
—= 黄色系

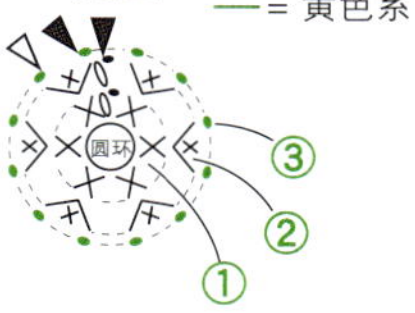

背面 黄色系

表盘拼接到表带上后再钩织背面。第3行的钩织方法参见右图"拼接方法"的"背面"

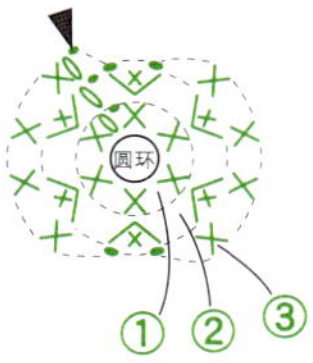

表带 黑色

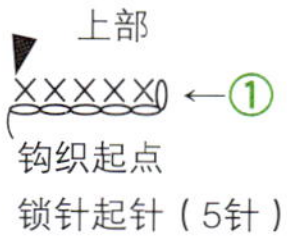

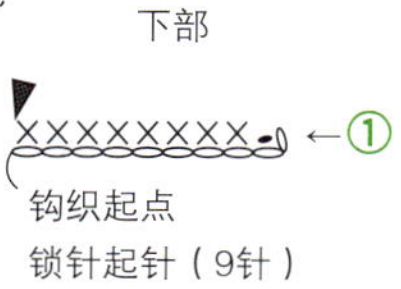

拼接方法

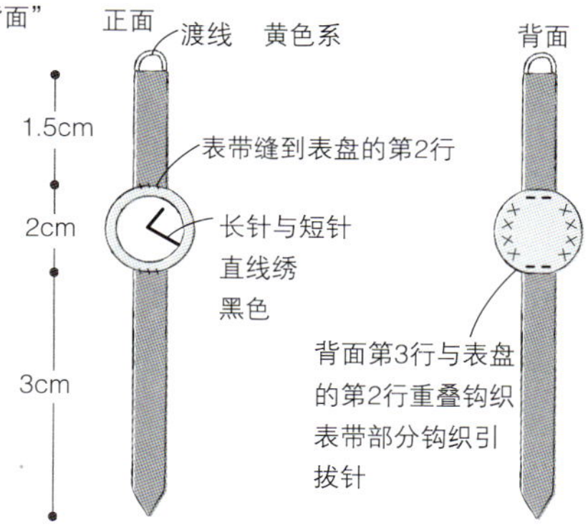

27

尺寸…参照图

作品详见P24

Emmygrande <Colors> 蓝色系（355）…2g，蓝色系（354）…1g
蕾丝针2号

主体

—— = 蓝色系（355）
—— = 蓝色系（354）

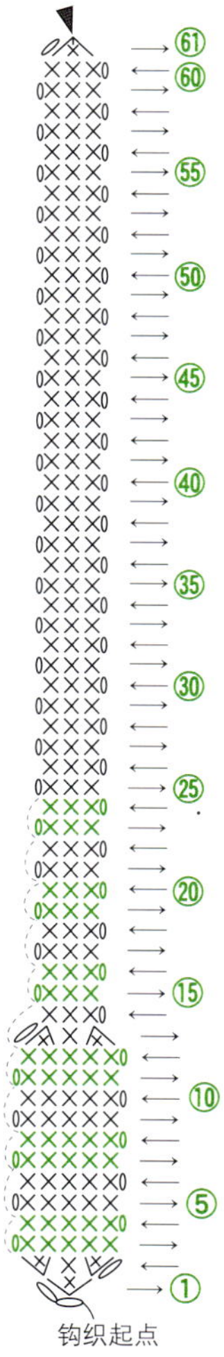

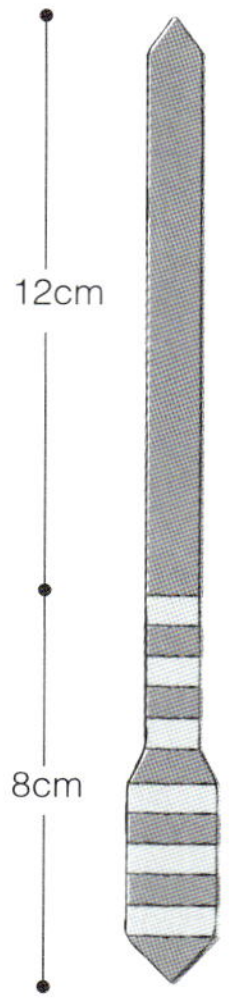

拼接方法

打一个结

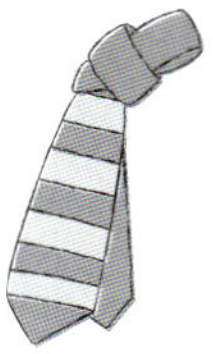

28

尺寸…参照图

作品详见P28

重点提示P25

Emmygrande <Herbs> 白色（800）…1g
六角形小串珠（直径2mm）银色…42颗
蕾丝针2号

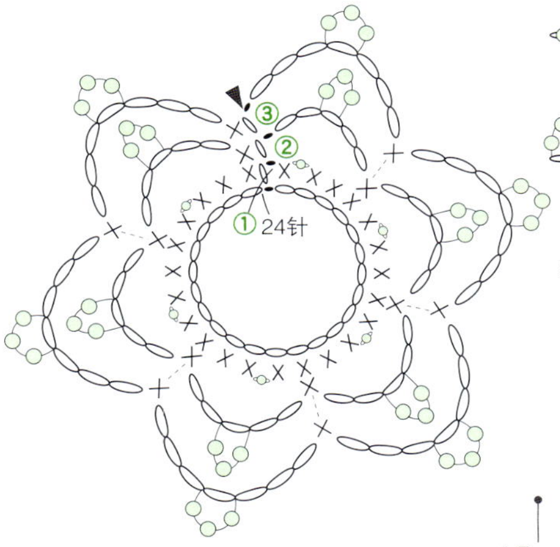

= 在锁针中织入1颗串珠

= 在锁针中织入3颗串珠

※从起针的锁针处挑第1行时，将其上半针和里山挑起

※钩织线中穿入42颗小串珠
※反面用作正面

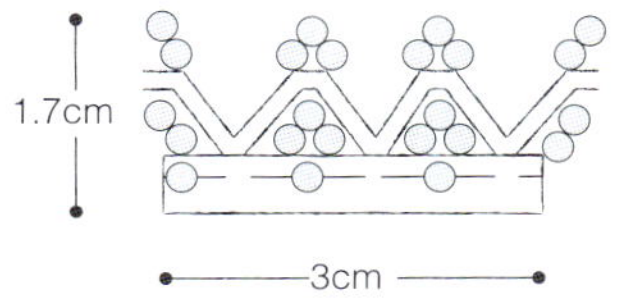

31

尺寸…参照图

作品详见P28

Emmygrande <Herbs> 白色（800）…3g
六角形小串珠（直径2mm）银色…48颗
填充棉…少许
蕾丝针2号

主体 2块

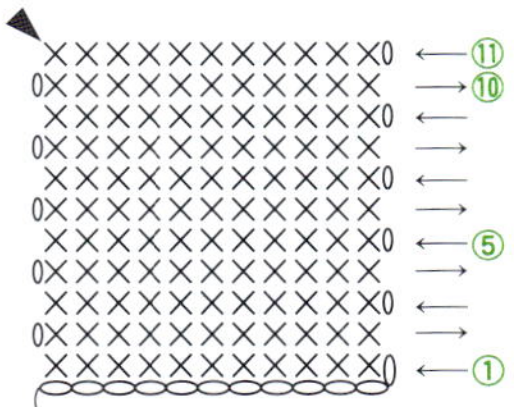

花边钩织

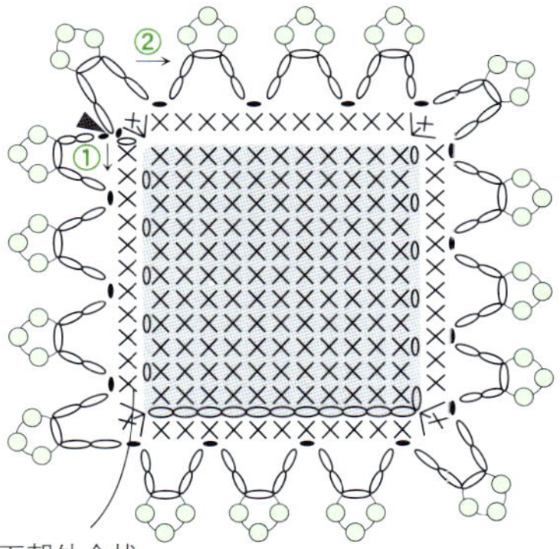

主体正面朝外合拢，塞入填充棉，同时钩织花边

※钩织线中穿入48颗串珠

= 在锁针中织入3颗串珠

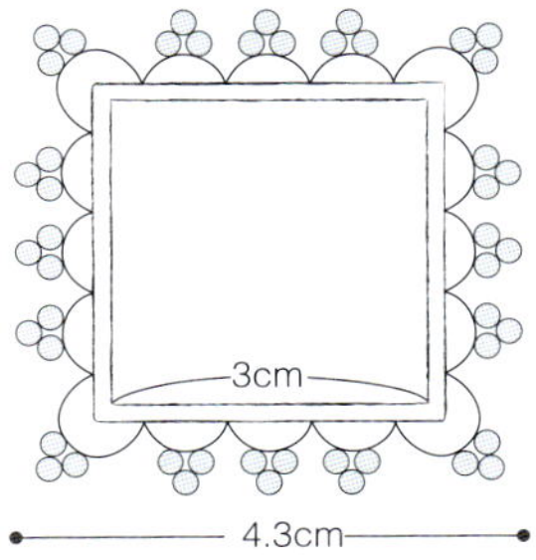

30

尺寸…参照图

作品详见P28

重点提示P25

Emmygrande <Herbs> 白色（800）…1g
六角形小串珠（直径2mm）银色…30颗
填充棉…少许
蕾丝针2号

戒指

将起针的锁针成束挑起，织入24针短针

宝石

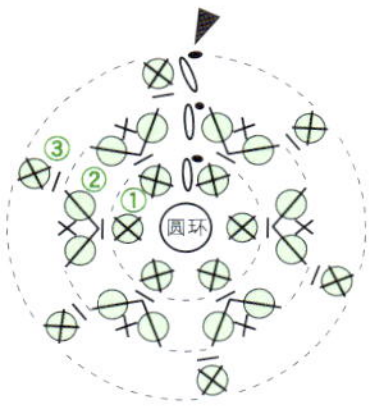

= 短针中织入1颗串珠

= 在1针分2针的短针挑针两侧各织入1颗串珠

= 在短针的挑针中织入1颗串珠

※钩织线中穿入24颗串珠
※反面用作正面

戒台

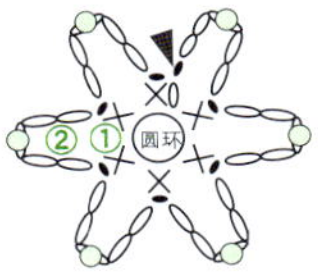

= 在锁针中织入1颗串珠

※钩织线中穿入6颗串珠

拼接方法

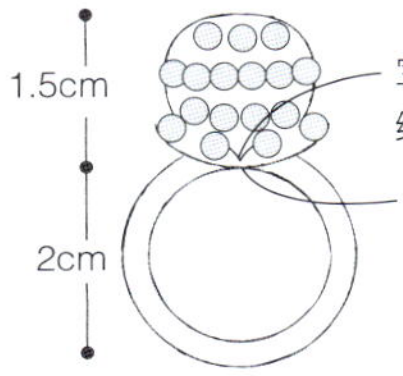

宝石中塞入填充棉，缝到戒台中心

戒台中心缝到戒指上

PART

Ⅱ

6月

六月新娘

钩织方法：28・30・31–P27 29–P30　设计 / 制作　风工房

7月
七夕

32
银河

33
环链饰带

34
细竹

a

b

35
长条诗笺

c

d

e

钩织方法：32–P30 33・34・35–P31 设计 / 制作 风工房

29

尺寸…参照图

作品详见P28

Emmygrande 粉色系（162）…1g
Emmygrande <Herbs> 白色（800）…2g
六角形小串珠（直径2mm）银色…15颗
蕾丝针2号

花

a 3块 白色　b 3块 白色　c 2块 粉色系

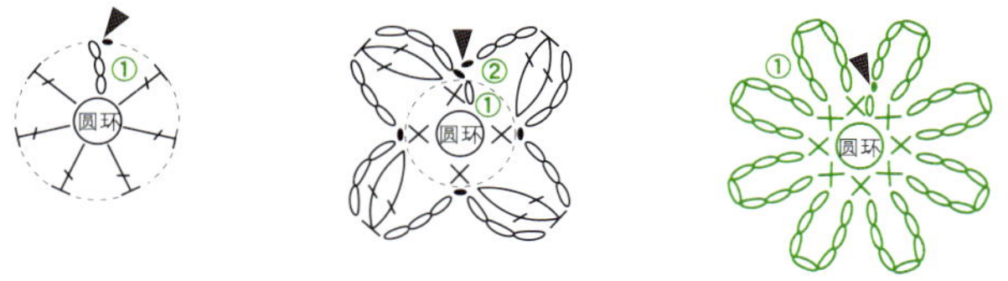

a花心与茎 3根 白色　b茎 3根 白色　c花心和茎 2根 白色

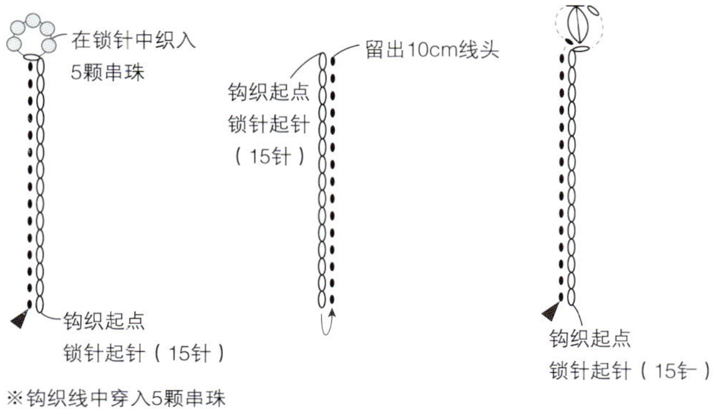

拼接方法

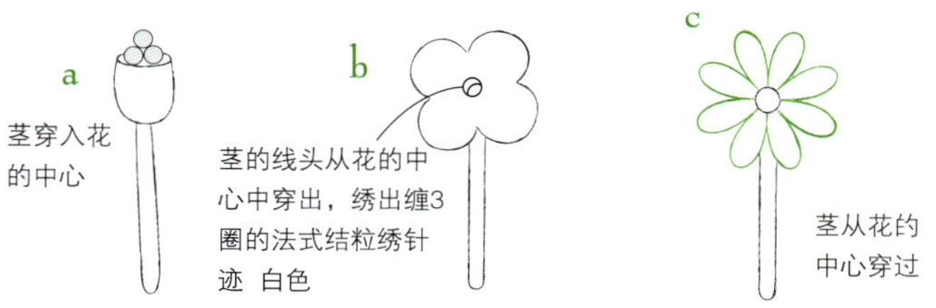

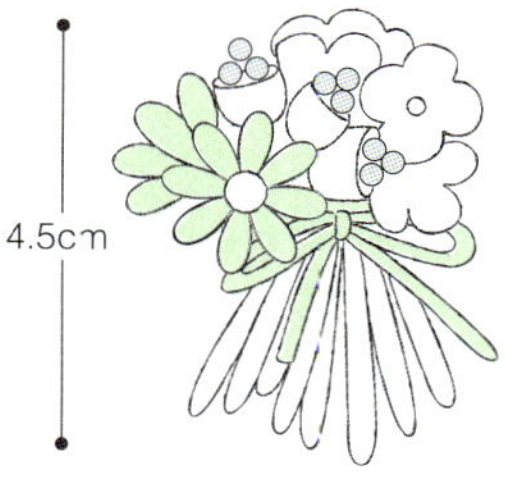

结成束后缠两圈丝带，打蝴蝶结

丝带 粉色系

32

尺寸…参照图

作品详见P29

Renaissance Lame 银色（102）…2g
圆形金色大串珠…29颗， 星形亮片（直径5mm）金色…29片
蕾丝针2号

主体 银色

× = 拼接亮片和串珠的位置（29个位置）

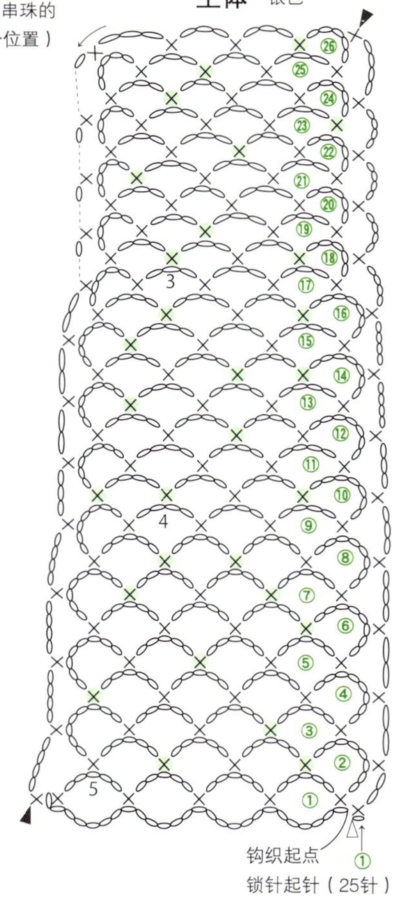

拼接方法

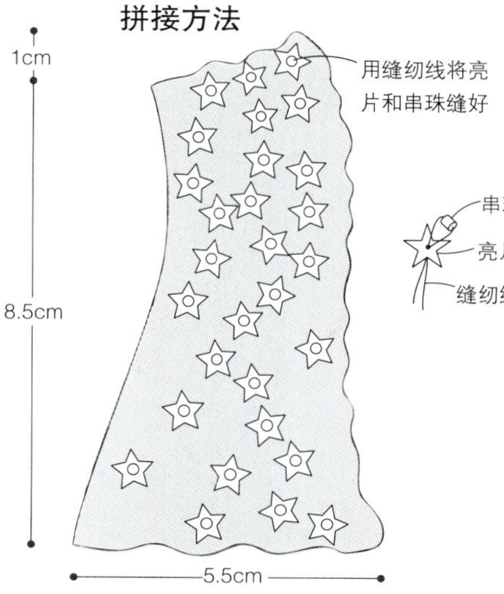

33

尺寸…参照图

作品详见P29

Emmygrande 粉色系（162）、绿色系（261）、蓝色系（364）、黄色系（521）、黄色系（541）…各少许

Emmygrande <Herbs> 红色系（190）…少许

蕾丝针2号

带子

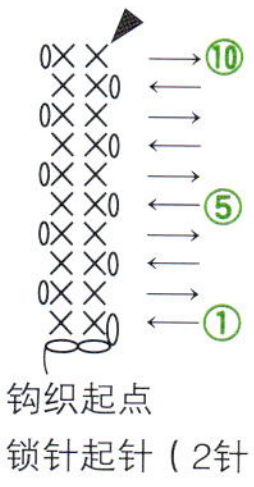

红色系、黄色系（541）

绿色系、黄色系（521）

蓝色系、粉色系 各3块

拼接方法

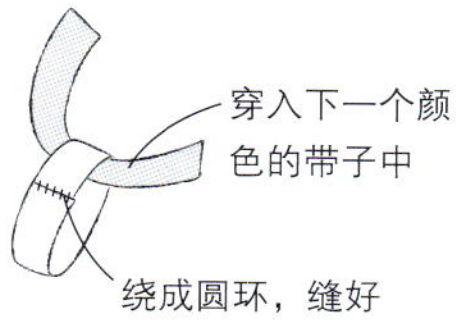

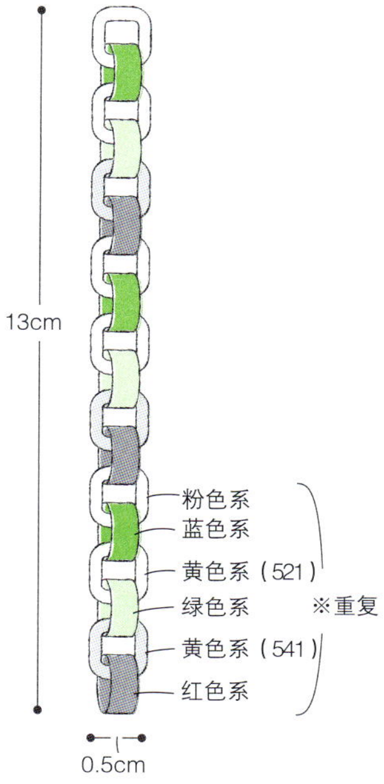

34

尺寸…参照图

作品详见P29

Emmygrande <Herbs> 绿色系（273）…1g

Lame 25g，银色、金色混合（L312）…少许

蕾丝针2号

树干与枝叶

绿色系

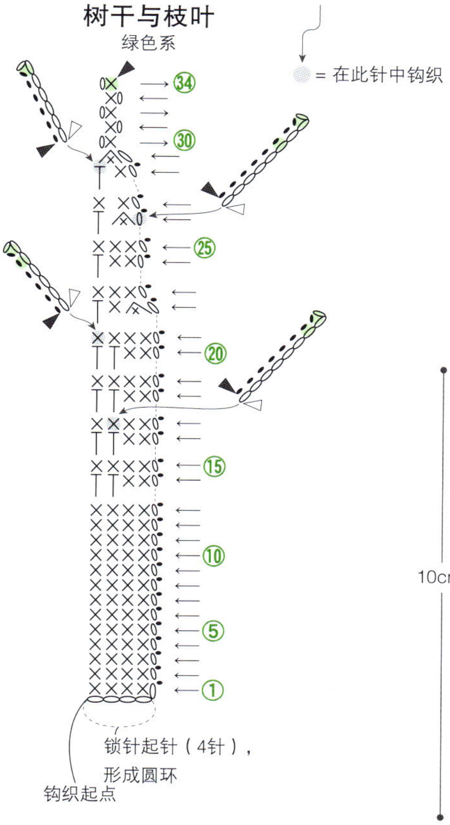

叶子 8组

绿色系 1根

银色、金色混合 2根

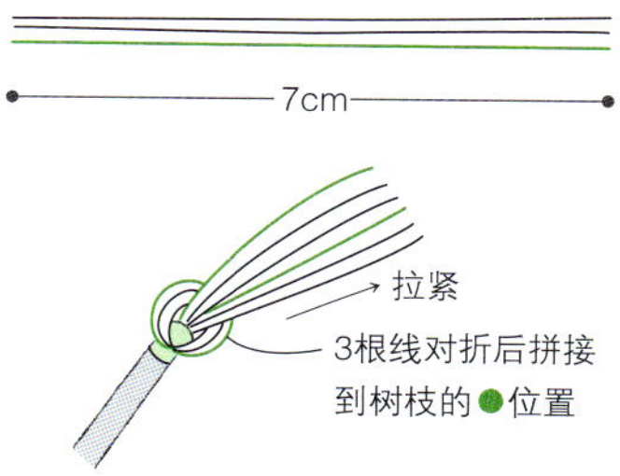

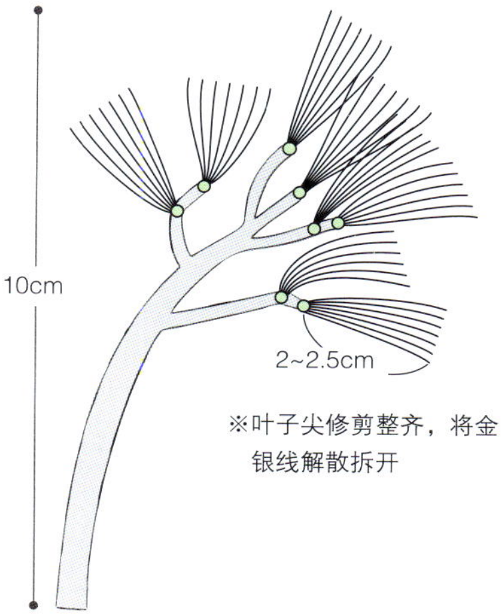

※叶子尖修剪整齐，将金银线解散拆开

35

尺寸…参照图

作品详见P29

Emmygrande 蓝色系（364）、黄色系（521）、黄色系（541）…各少许

Emmygrande <Herbs> 红色系（190）、绿色系（273）…各少许

蕾丝针2号

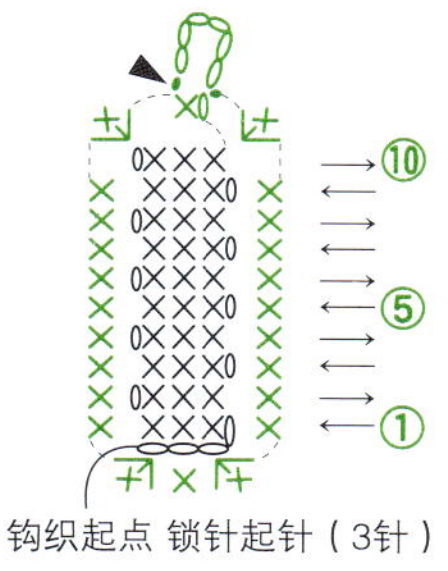

a 黄色系（521）

b 红色系

c 蓝色系

d 绿色系

e 黄色系（541）

各1块

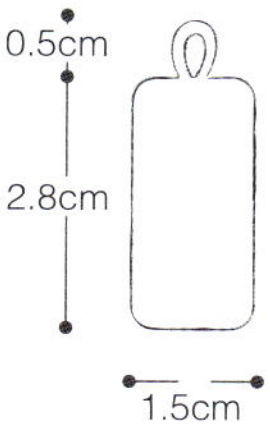

拼接方法

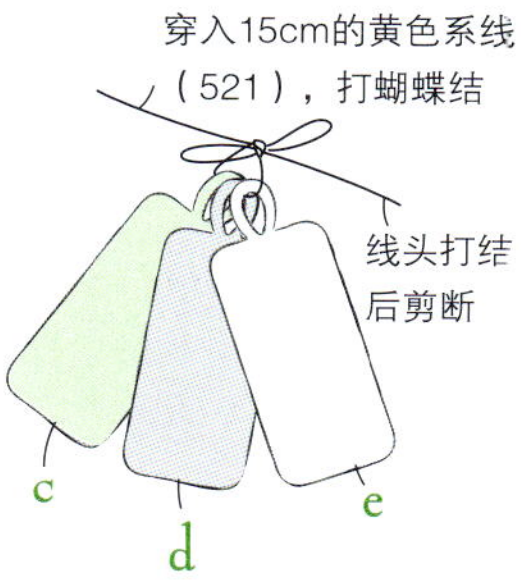

PART

Ⅱ

7月

大海节

36
贝壳

37
海螺

38
比基尼

39
鱼

钩织方法：P34　设计 / 制作　青木惠理子

40
帆船

41
客船

42
救生圈

43
锚

钩织方法：40・41・42-P35　43-P34　设计 / 制作　青木惠理子

36

尺寸…参照图

作品详见P32

Emmygrance 本白色（804）…1g，
蓝色系（318）…少许
填充棉…少许
钩针2/0号

主体 2块

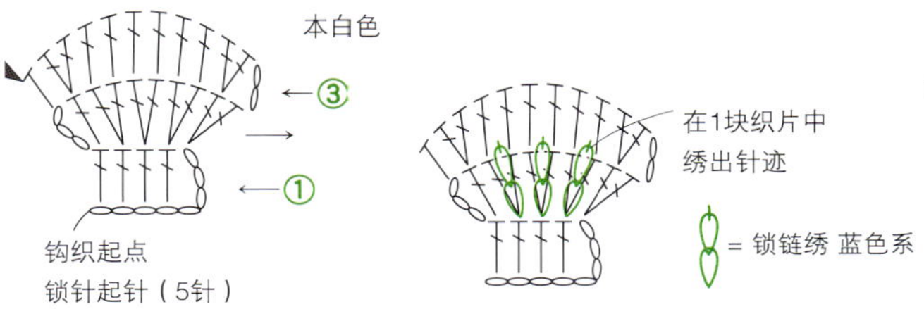

拼接方法

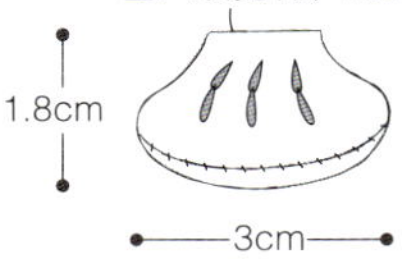

37

尺寸…参照图

作品详见P32

Emmygrande 本白色（804）…1g
钩针2/0号

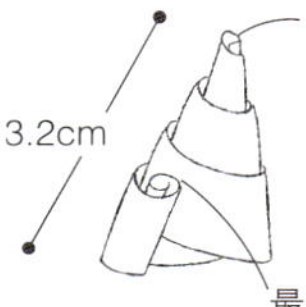

主体

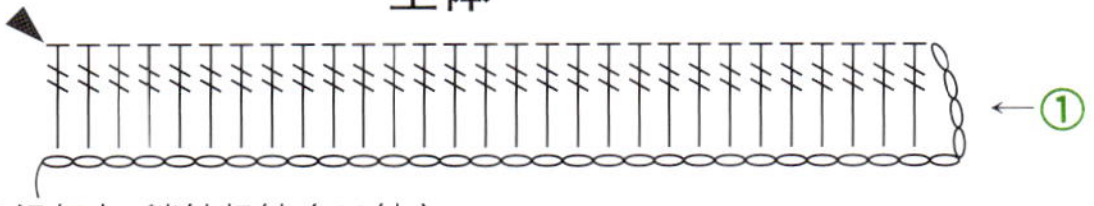

43

尺寸…参照图

作品详见P33

Emmygrande 蓝色系（318）…1g
钩针 2/0号

主体 2块

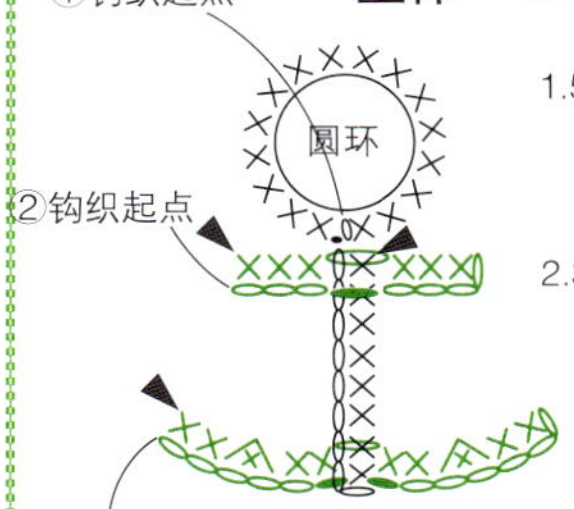

用同样的方法钩织2块，正面朝
外合拢后周围卷针缝

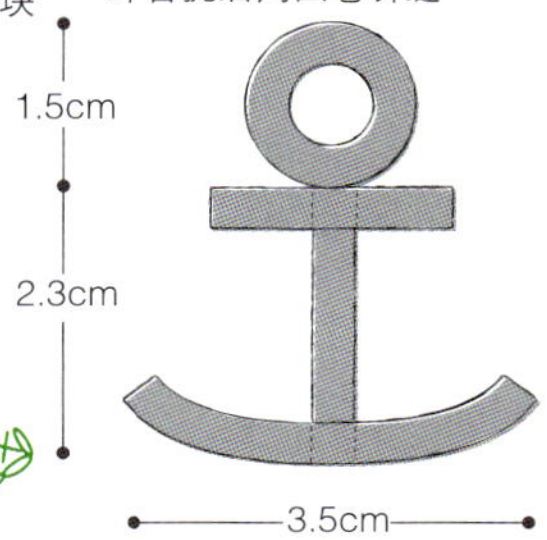

38

尺寸…参照图

作品详见P32

Emmygrande <Herbs> 红色系（190）…1g
钩针2/0号

上身主体

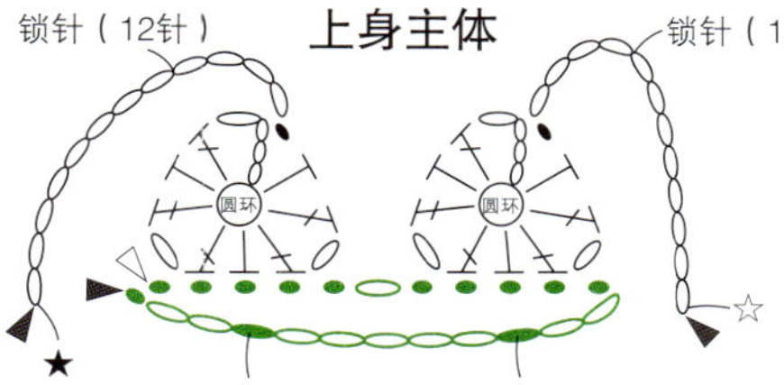

拼接方法

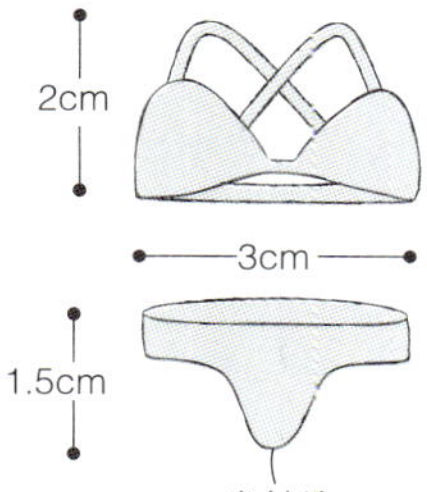

下身

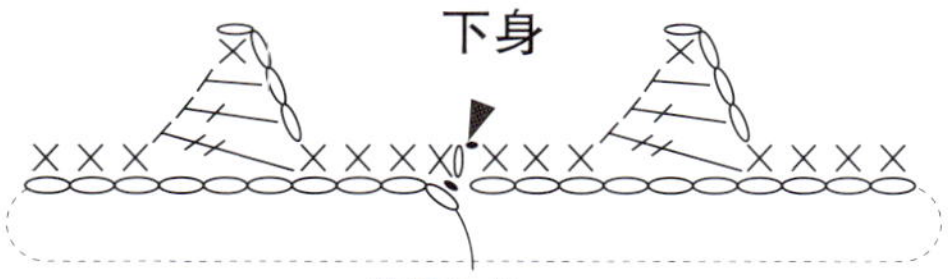

39

尺寸…参照图

作品详见P32

Emmygrande 蓝色系（318）…
1g，本白色（804）…少许
填充棉…少许
钩针2/0号

主体 蓝色系

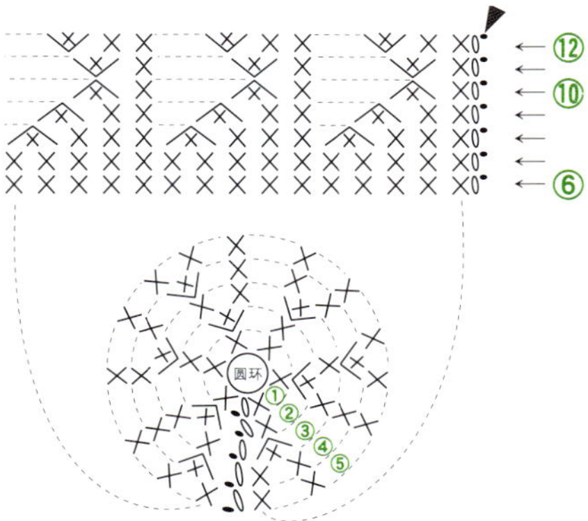

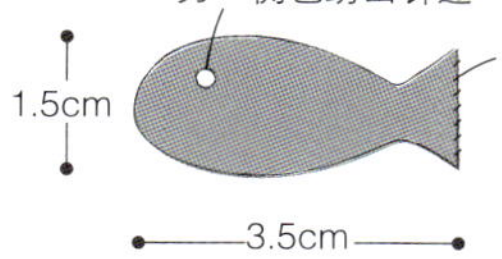

40

尺寸…参照图

作品详见P33

Emmygrande 蓝色系（318）…1g，本白色（804）…少许
Emmygrande <Herbs> 红色系（190）…少许
钩针2/0号

桅杆
蓝色系

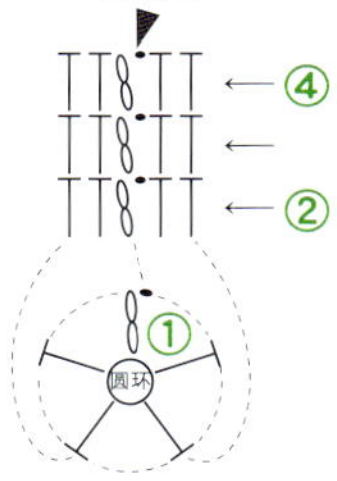

帆A
红色系

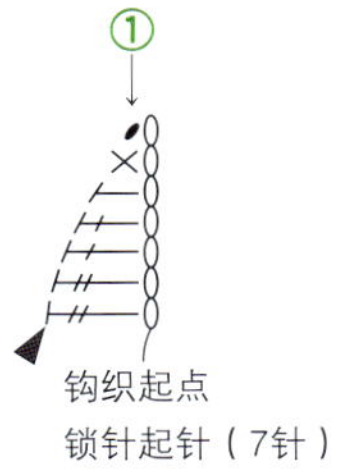

帆B

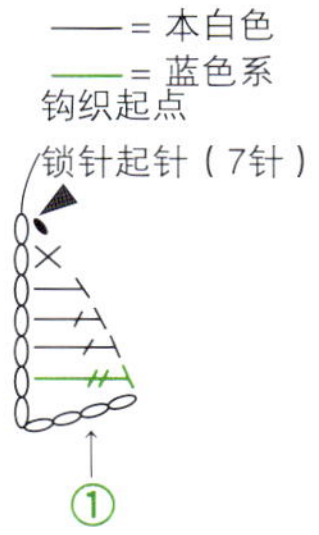

船底　蓝色系

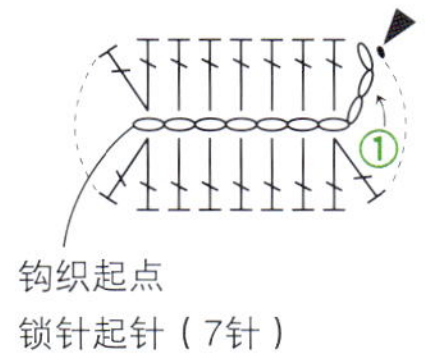

拼接方法

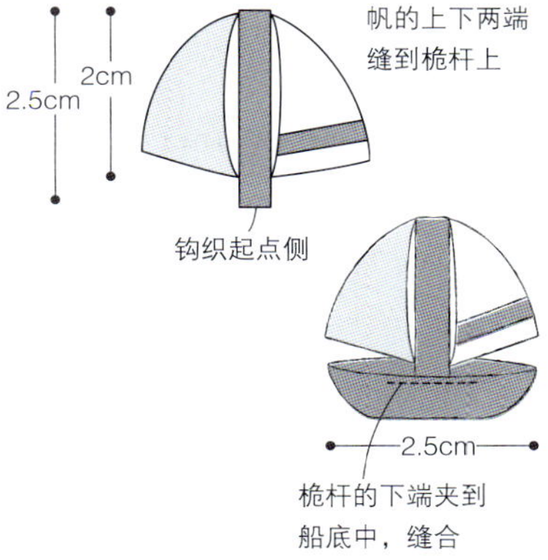

41

尺寸…参照图

作品详见P33

Emmygrande 蓝色系（318）…1g、本白色（804）…少许
Emmygrande <Herbs> 红色系（190）…少许
钩针2/0号

A　蓝色系

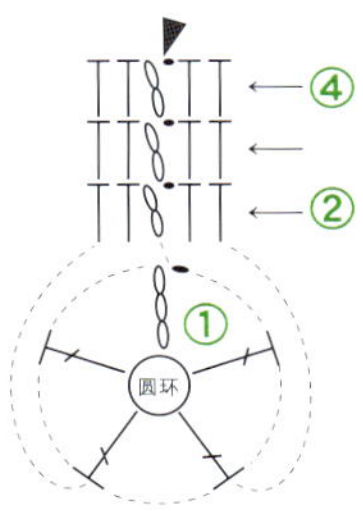

B　红色系

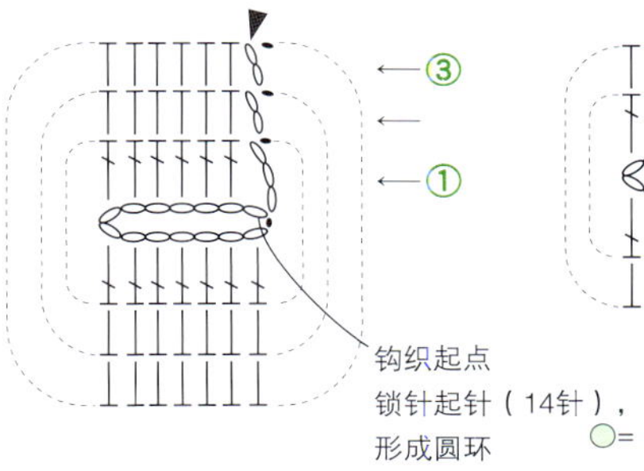

C　本白色

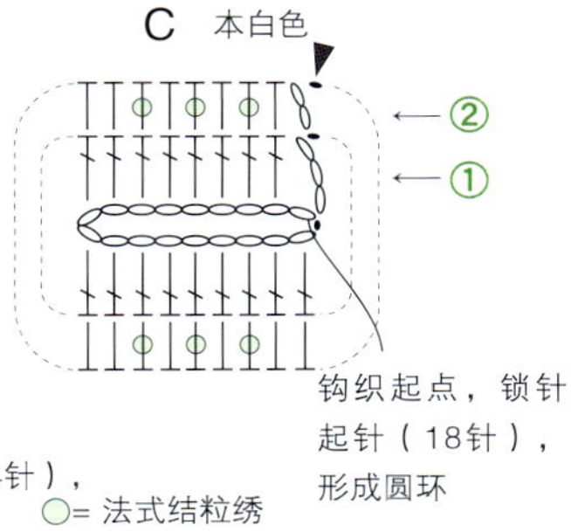

○= 法式结粒绣
蓝色系

拼接方法

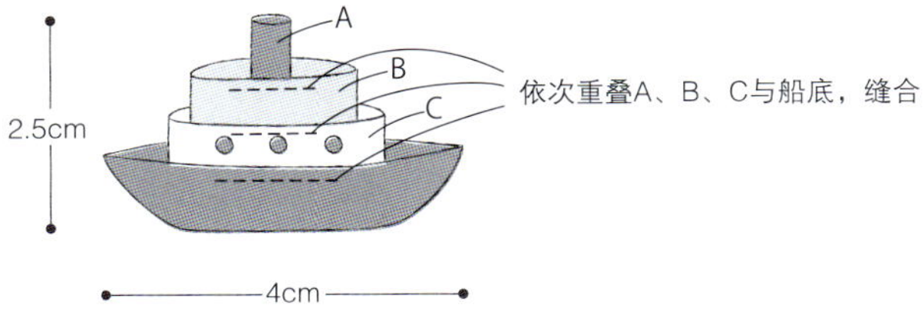

船底　蓝色系

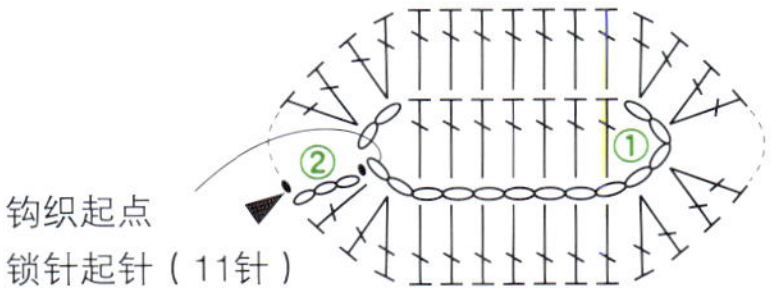

42

尺寸…参照图

作品详见P33

重点提示P25

Emmygrande 本白色（804）…1g
Emmygrande <Herbs> 红色系（190）…1g
钩针 2/0号

主体　2块

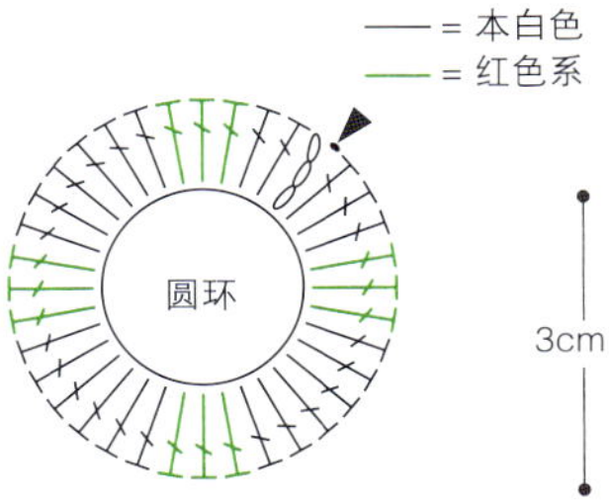

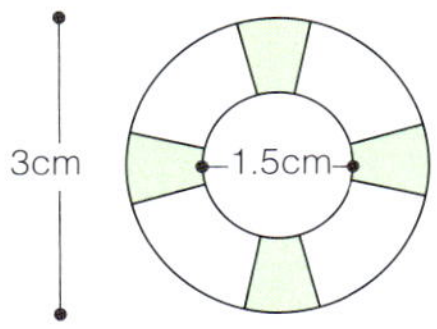

拼接方法

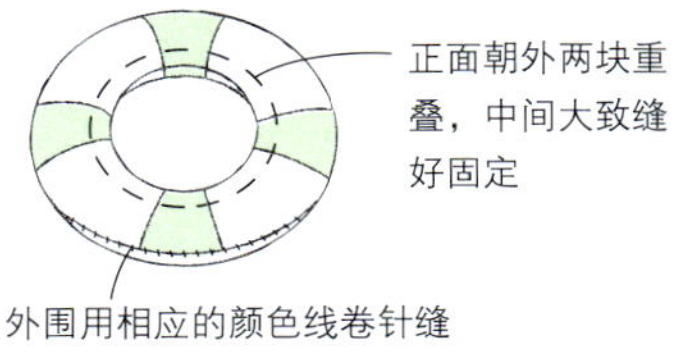

PART

Ⅱ

8月

夏日祭

44

刨冰

45

碳酸汽水

46

棉花糖

47

杏糖

a　　b　　c

钩织方法：P38　设计 / 制作　Oka Mariko

48

浴衣

49

团扇

50

捞金鱼

51

悠悠球

a

b

钩织方法：48・49・51–P39 50–P38 设计 / 制作 Oka Mariko

44

尺寸…参照图

作品详见P36

Emmygrande <Colors> 红色系（188）…少许
Emmygrande <Herbs> 米褐色系（732）、白色（800）…各少许
Emmygrande <Lame> 蓝色系（L302）…少许
填充棉…少许
钩针2/0号

主体

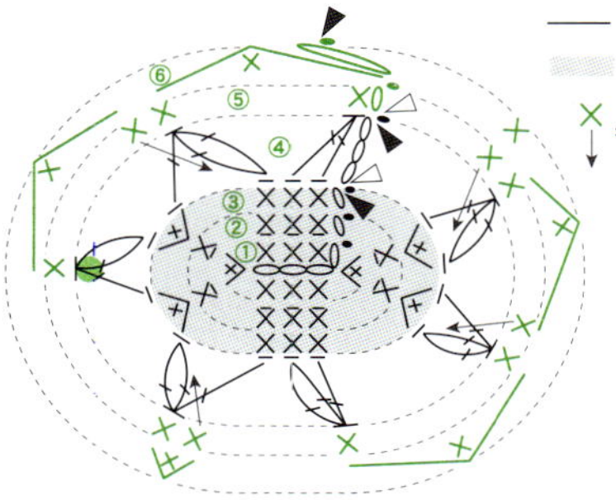

钩织第2行和第4行时，将上一行外侧的半针（1根线）挑起后再钩织

勺子花样　米褐色系

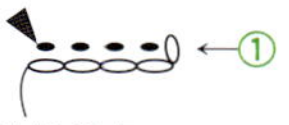

※将起针锁针的里山挑起后钩织引拔针

拼接方法

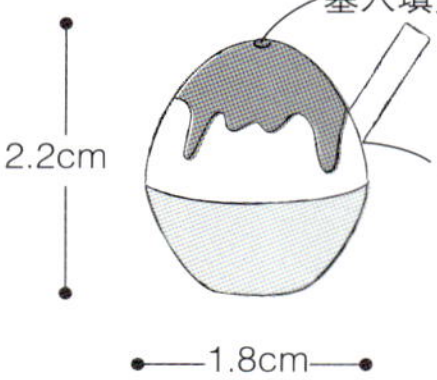

45

尺寸…参照图

作品详见P36

Emmygrande <Colors> 红色系（188）、绿色系（265）…各少许
填充棉…少许
钩针 2/0号

瓶子　绿色系

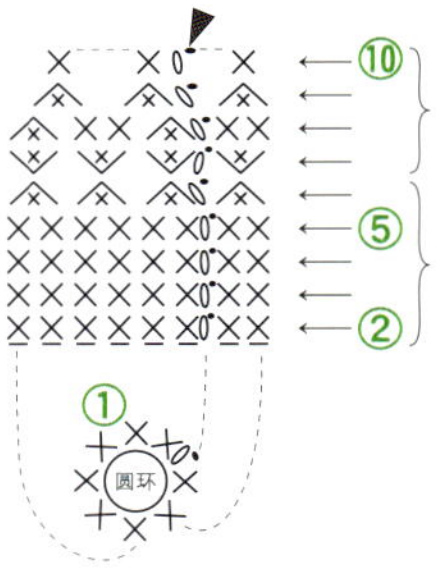

拼接方法

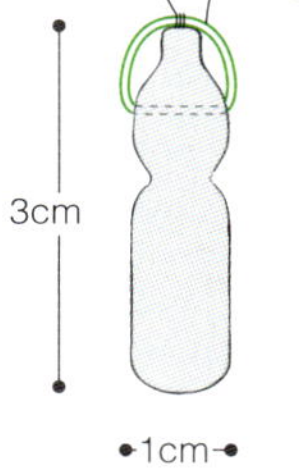

46

尺寸…参照图

作品详见P36

Emmygrande <Kasuri> 粉色系（11）…1g
Emmygrande <Herbs> 米褐色系（732）…少许
填充棉…少许
钩针 2/0号

主体　2块

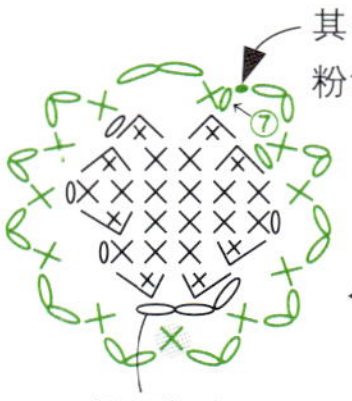

木筷
米褐色系

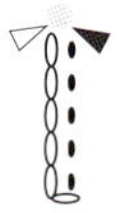

拼接方法

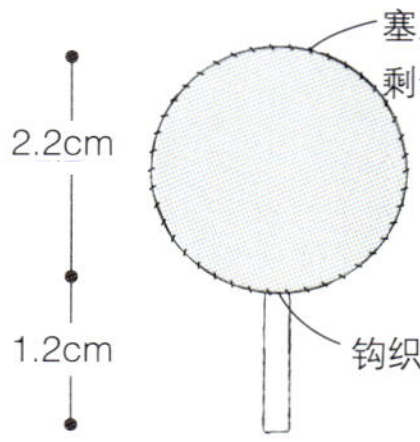

47

尺寸…参照图

作品详见P36

Emmygrande <Herbs> 米褐色系（732）…少许
a：Emmygrande <Colors> 绿色系（229）…少许
b：Emmygrande <Colors> 黄色系（555）…少许
c：Emmygrande <Herbs> 红色系（190）
钩针 2/0号

木筷　3根
米褐色系

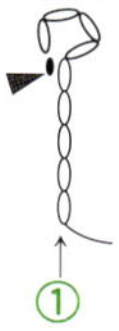

※钩织起点、钩织终点处均留出约10cm的线头

杏
绿色系、黄色系、红色系
各1个

拼接方法

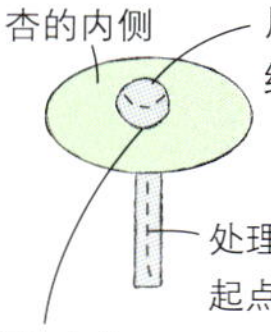

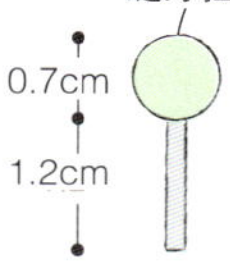

50

尺寸…参照图

作品详见P37

Emmygrande <Colors> 粉色系（155）、红色系（188）…各少许
Emmygrande <Herbs> 白色（800）…少许
钩针 2/0号

网

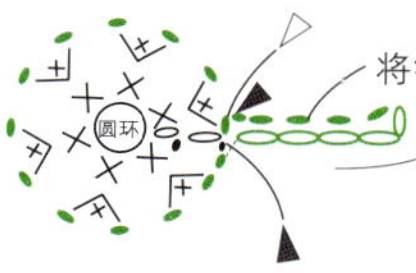

金鱼　红色系

拼接方法

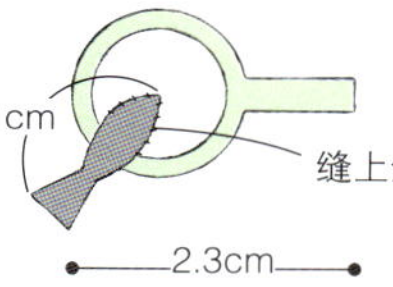

48

尺寸…参照图

作品详见P37

Emmygrande <Colors> 红色系（188）、黄色系（555）…各少许

Emmygrande <Mix> 紫色、粉色系（M1）…1.5g

钩针2/0号

主体

—— = 紫色、粉色系

—— = 红色系

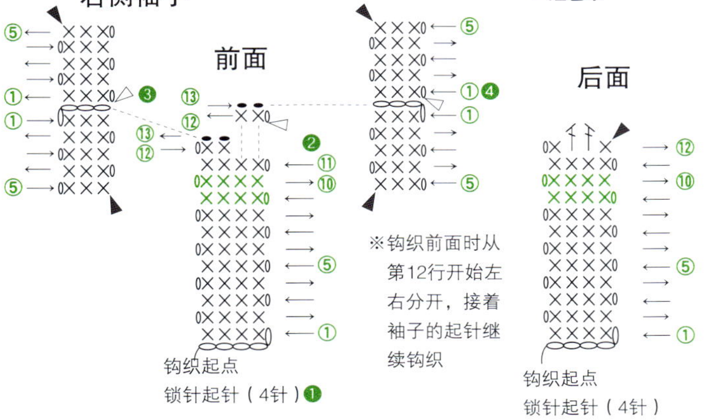

※钩织前面时从第12行开始左右分开，接着袖子的起针继续钩织

腰封结 红色系

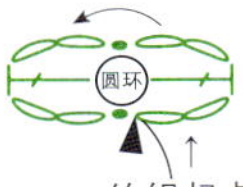

中心用红线缠3圈，使其变细些

带子

长30cm的黄色系线

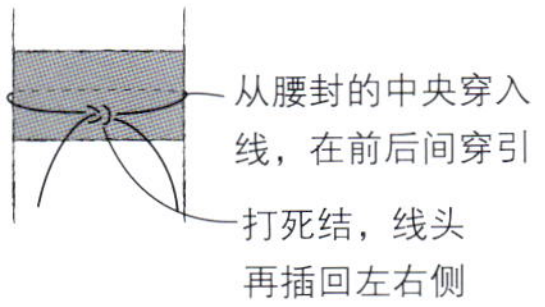

拼接方法

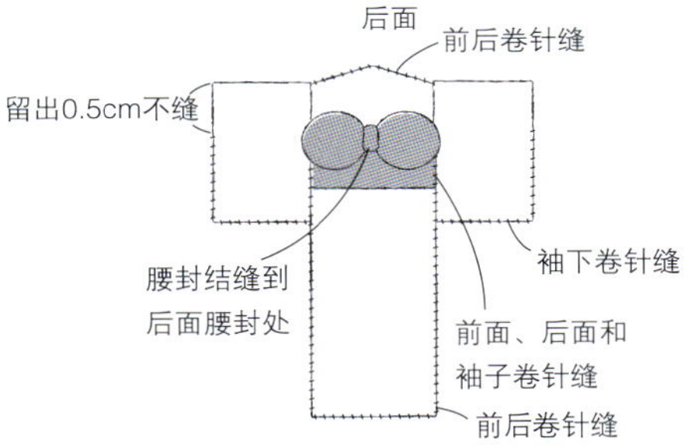

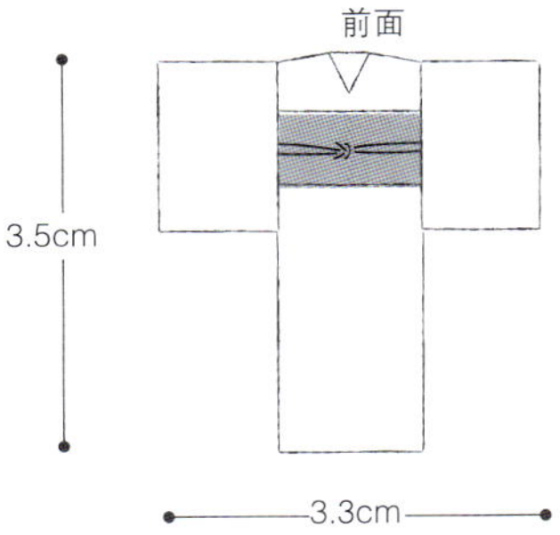

51

尺寸…参照图

作品详见P37

a：Emmygrande 粉色系（104）、米褐色系（736）…各少许

Emmygrande <Colors> 蓝色系（371）…少许

b：Emmygrande 黄色系（520）、米褐色系（736）…各少许

Emmygrande <Colors> 粉色系（155）…少许

填充棉…少许

钩针2/0号

主体

a
—— = 蓝色系
—— = 粉色系（104）

b
—— = 粉色系（155）
—— = 黄色系

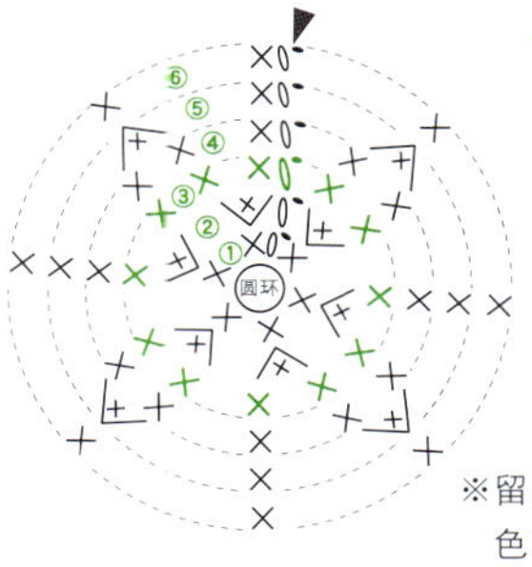

※留出30cm绳带用的米褐色系线，将第5行隔1针挑起，绕两周

拼接方法

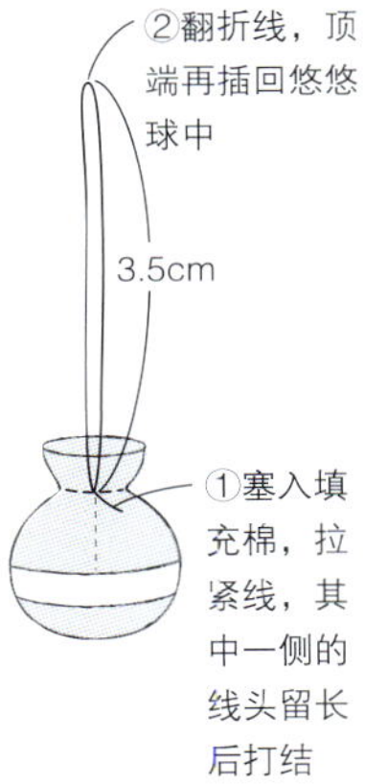

49

尺寸…参照图

作品详见P37

Emmygrande 米褐色系（736）…少许

Emmygrande <Colors> 蓝色系（355）…少许

钩针2/0号

主体

—— = 蓝色系

—— = 米褐色系

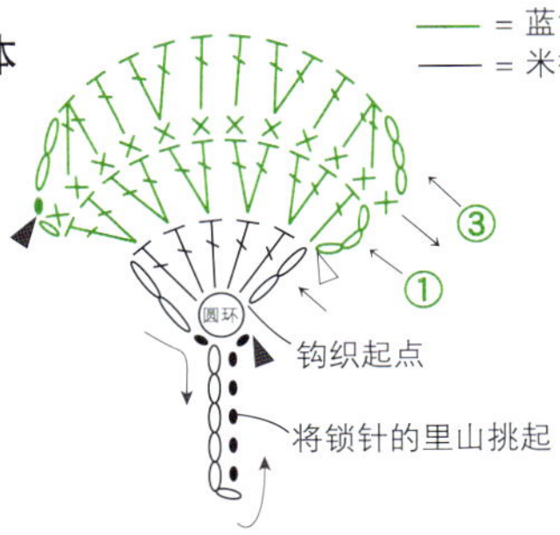

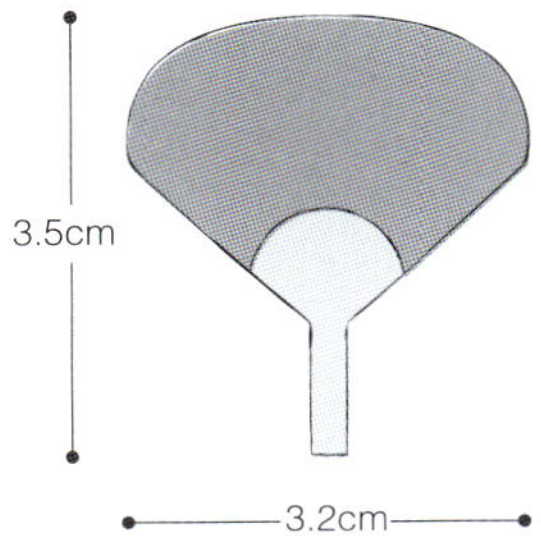

PART

III

秋

9月

赏月

运动的秋天、读书的秋天、富有食欲的秋天……

秋天是让人慢慢品味的季节，

若是找到自己喜欢的图案，那就先试着钩织一个吧。

一点点成型的过程充满了乐趣，慢慢地你一定会爱上花边钩织。

52 江米团

54 芒草

53 兔子

钩织方法：52・54－P42　53－P43　设计／制作　Tanaka Yuko

重点提示 57 棒球

作品详见P44

▪棒球的缝合方法▪

1 两块织片缝合形成球体。从反面将缝纫针插入织片的指定位置。

2 逐一交替将缝纫针从内侧插入两块织片中，缝合。

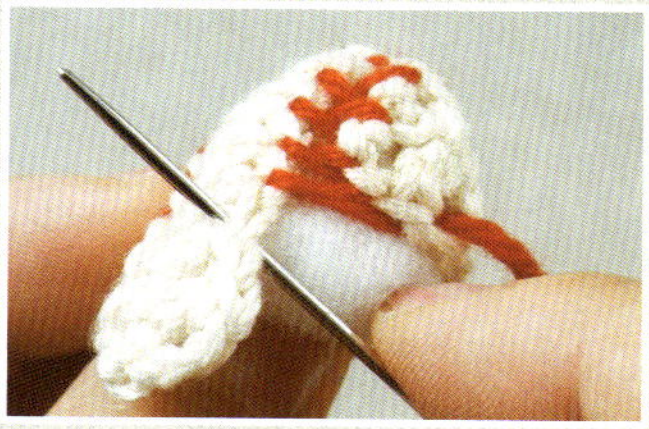

3 挑起半针后塞入填充棉。

4 棒球完成。缝合线的颜色是重点。

重点提示 61 足球

作品详见P45

▪足球嵌入花样的制作方法▪

1 钩织第1行最后的引拔针时换上b色线。a色线置于内侧暂时停下，用b色线钩织第2行。

2 钩织第3行，在引拔钩织第2针中长针最后的3个线圈时将之前的a色线向上拉后再继续钩织。接着用a色线钩织，但要包住b色线。

3 用a色线引拔钩织第2针中长针最后的3个线圈时换上b色线。按同样的方法换线，同时继续按记号图钩织。

4 钩织完第5行后塞入填充棉，再继续钩织第6行。

5 钩织第7行时，将钩针插入上一行的头针中，挂线后抽出。引拔抽出的针目直接挂在针上，但并不是全部7针都可以挂到针上，因此每引拔抽出几针后，就要将针目移到其他线上。引拔抽出7针，将针目移到其他线上后（右下图），a色线留出60cm左右的线头，剪断。

6 移到其他线上的针目用a色线穿两周，再抽出其他线。

7 线头拉紧。足球的嵌花图案完成。

8 接着用拉紧的线头绣出直线绣针迹，完成。

52

尺寸…参照图

作品详见P40

Emmygrande 黄色系（500）…2g，黄色系（541）…1g

黏合剂

钩针2/0号

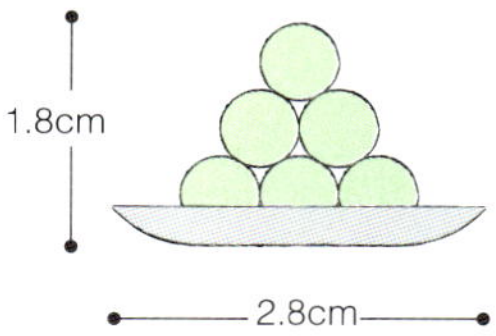

盘子

黄色系（541）

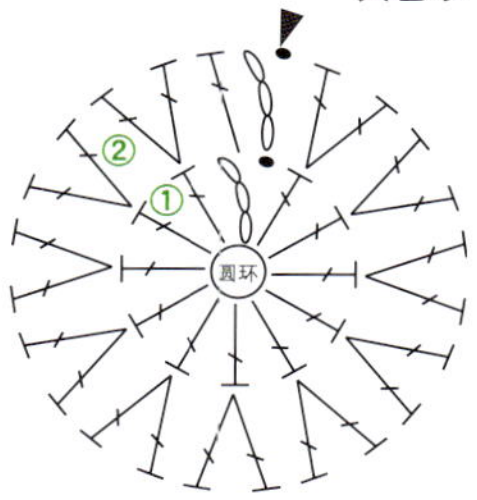

江米团

14颗

黄色系（500）

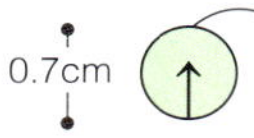

将最终行头针的内侧半针隔1针挑起，缝好拉紧

拼接方法

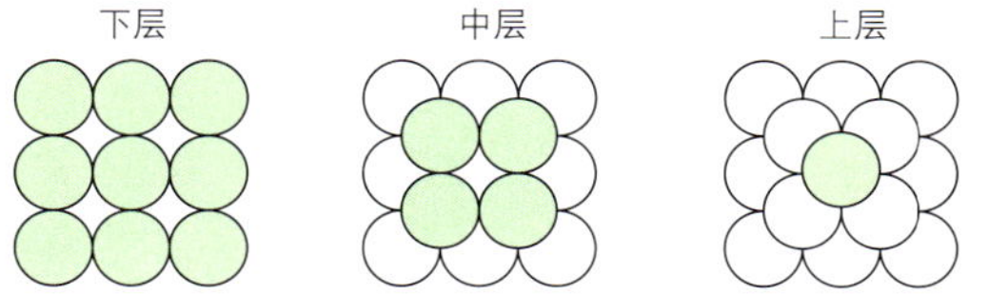

钩织起点朝下，9颗排列摆放好，涂上黏合剂

再在下层上方摆放4颗，涂上黏合剂

中层的上方摆放1颗下侧涂有黏合剂的江米团

54

尺寸…参照图

作品详见P40

Emmygrande 绿色系（288）…1g，黄色系（500）、黄色系（541）…各少许

钩针2/0号

※用同样的方法制作两组

叶子

2枚

绿色系

钩织起点

锁针起针（10针）

茎

1根

绿色系

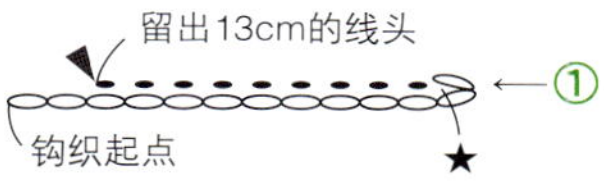

钩织起点

锁针起针（12针）

穗

长10cm的线　黄色系（541）、黄色系（500）各2根

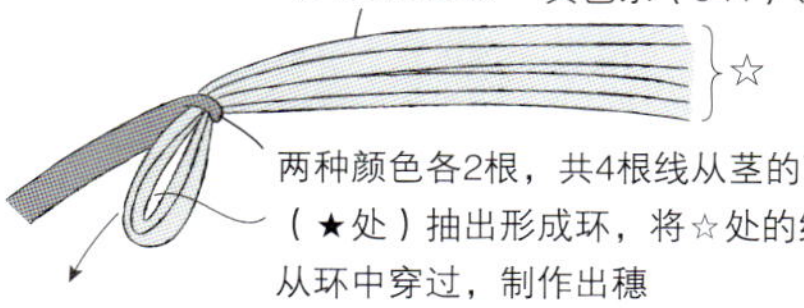

两种颜色各2根，共4根线从茎的顶部（★处）抽出形成环，将☆处的线头从环中穿过，制作出穗

拼接方法

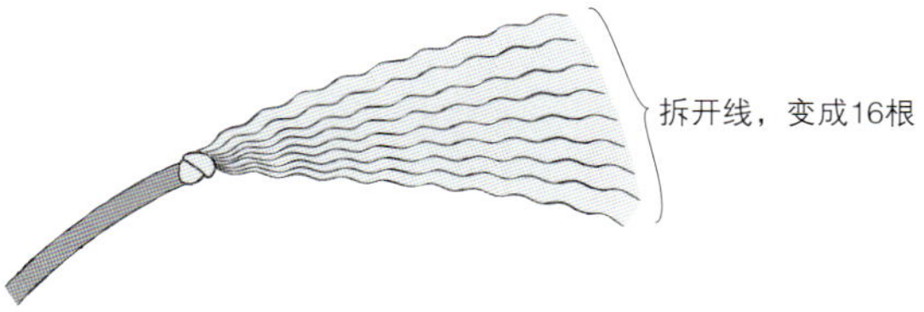

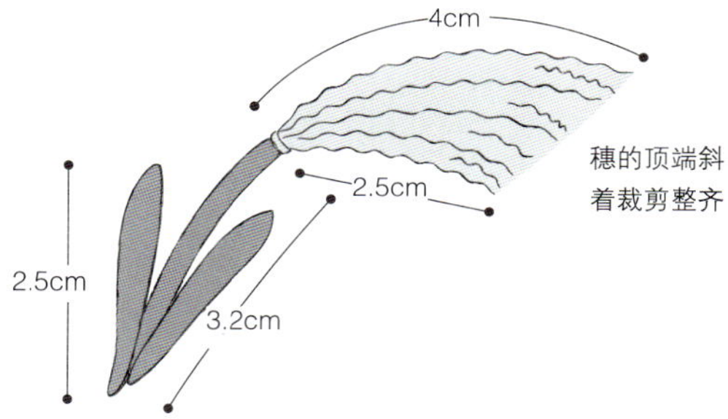

叶子重叠到茎上，下侧0.5cm处缝好固定

65

尺寸…参照图

作品详见P48

a：Emmygrande <Mix> 紫色、粉色系（M1）…少许

b：Emmygrande <Mix> 紫色、蓝色系（M3）…少许

填充棉…少许

钩针2/0号

主体

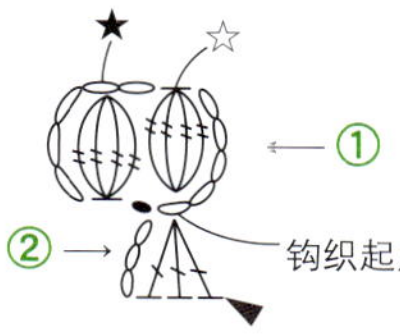

※钩织起点留出20cm的线头，卷针缝时使用

拼接方法

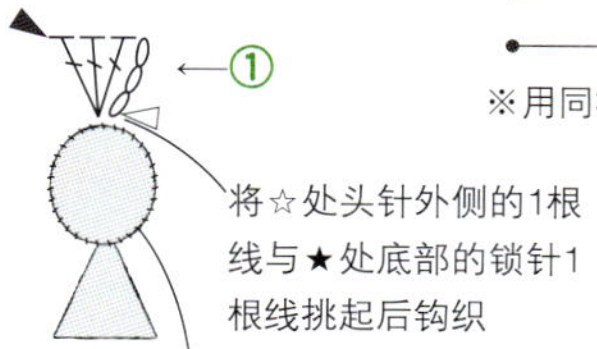

塞入填充棉，卷针缝

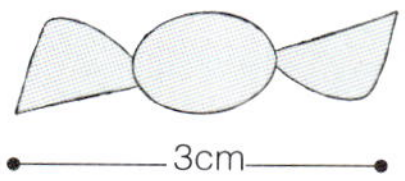

※用同样的方法制作2个

53

尺寸…参照图

作品详见P40

a：Emmygrande 本白色（804）…1g，粉色系（161）…少许
b：Emmygrande 粉色系（161）…1g，本白色（804）…少许
圆形小串珠 红色…各2颗
填充棉…少许，黏合剂
钩针2/0号

主体

a 本白色　b 粉色系

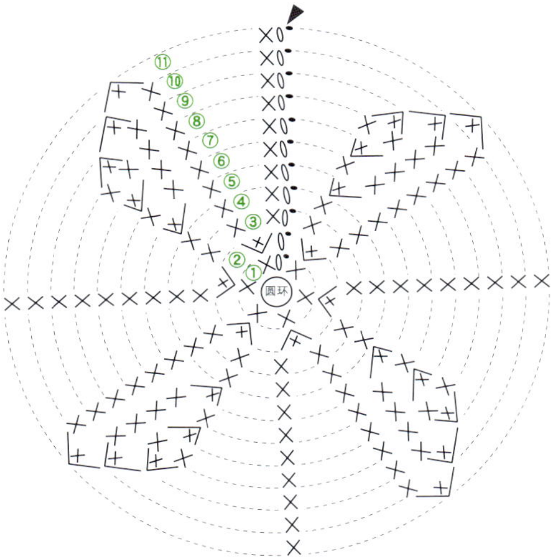

耳朵

各2块
a 粉色系
b 本白色

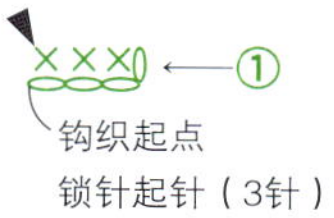

鼻子

a 粉色系
b 本白色

拼接方法

鼻子　钩织起点与钩织终点的线头打结，塞入主体的钩织起点处，用黏合剂固定

眼睛
在第3行缝入串珠

耳朵
钩织起点与钩织终点的线头打结，塞入第5行中，反面涂上黏合剂，贴好

塞入填充棉，将最终行头针的外侧半针每隔1针挑起后缝好拉紧

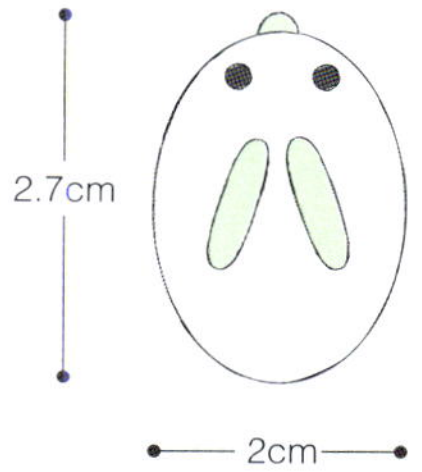

61

尺寸…参照图

作品详见P45

重点提示P41

Emmygrande 本白色（804）、黑色（901）…各少许
填充棉…少许
钩针2/0号

主体

—— =本白色
—— =黑色

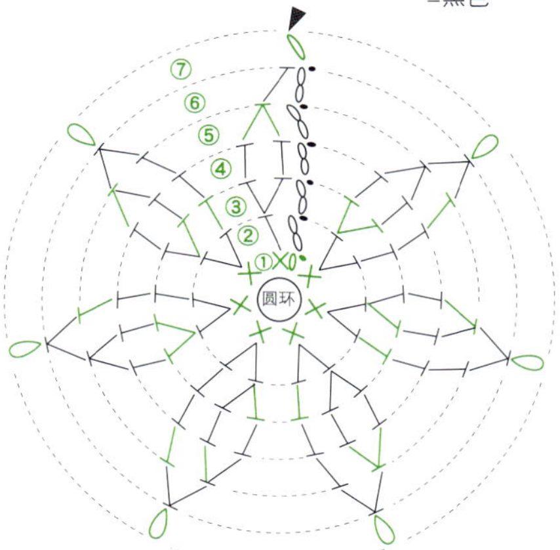

塞入填充棉的同时继续钩织

0 =针上挂线后引拔抽出

拼接方法

线穿入第7行的7个针目中，拉紧

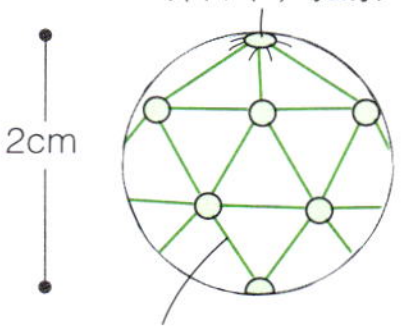

把黑色钩织的部分相连，绣出直线绣针迹
黑色

66

尺寸…参照图

作品详见P48

Emmygrande <Colors> 黑色（901）…少许
Emmygrande <Herbs> 白色（800）…1.5g
填充棉…少许
钩针2/0号

主体

2块
白色

● =眼睛的刺绣位置

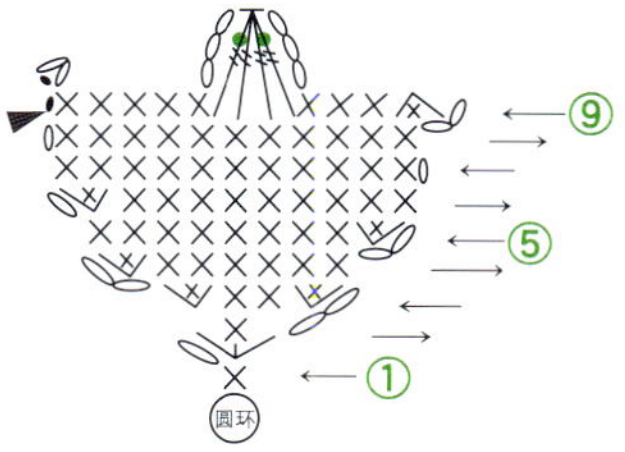

※钩织第1行时不用织入立起的锁针，在单圆环中织入短针

拼接方法

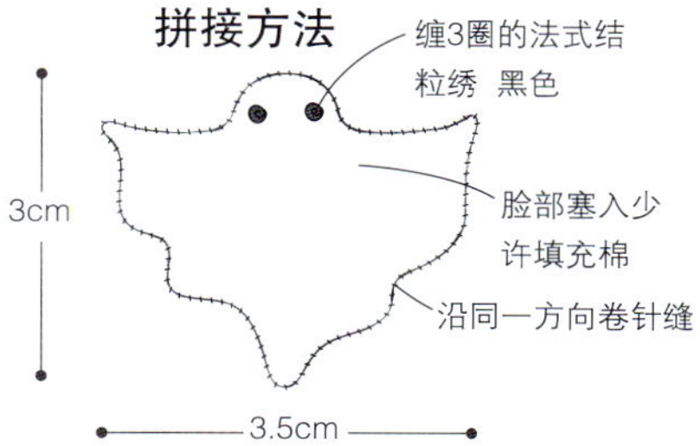

PART

Ⅲ

10月

体育节

55

帽子

56

球棒

57

棒球

58

棒球手套

钩织方法：P46　设计 / 制作　青木惠理子

59
网球拍与网球

60
乒乓球拍与乒乓球

61
足球

62
运动鞋

钩织方法：59・60・62–P47　61–P43　设计／制作　青木惠理子

55

尺寸…参照图

作品详见P44

Emmygrande 本白色（804）…1g

Emmygrande <Herbs> 红色系（190）…少许

钩针2/0号

主体

—— =本白色

—— =红色系

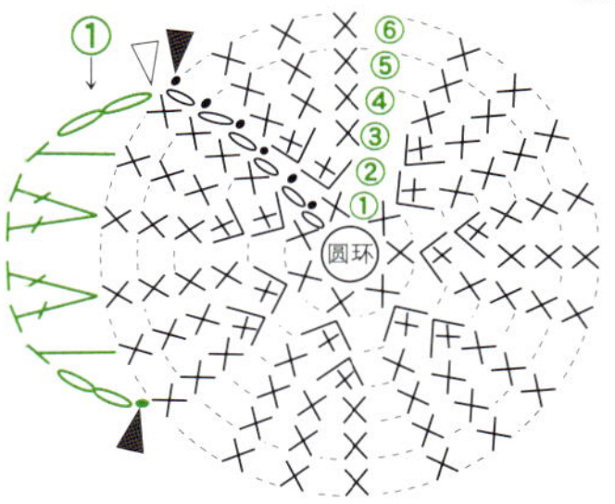

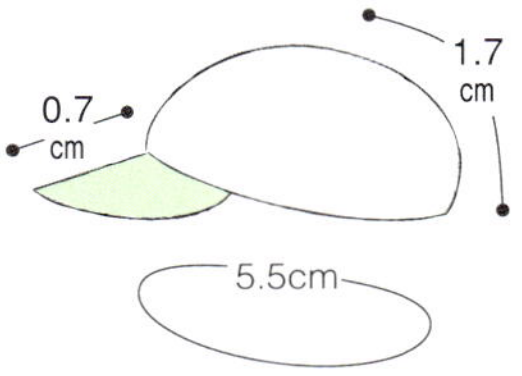

56

尺寸…参照图

作品详见P44

Emmygrande 茶色系（736）…1.5g

填充棉…少许

钩针2/0号

主体

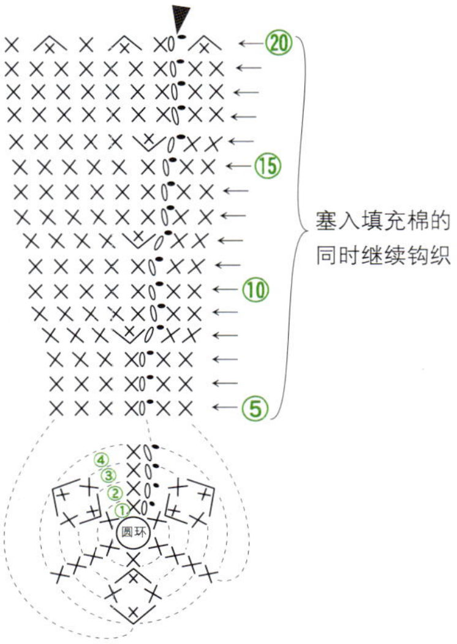

拼接方法

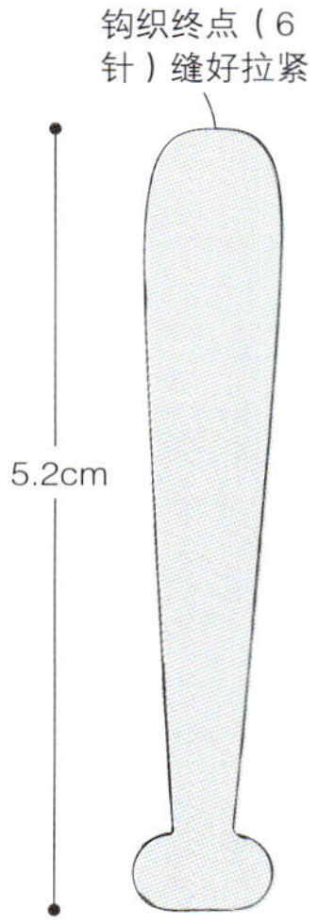

57

尺寸…参照图

作品详见P44

重点提示P41

Emmygrande 本白色（804）…少许

Emmygrande <Herbs> 红色系（190）…少许

填充棉…少许

钩针 2/0号

主体 2块 本白色

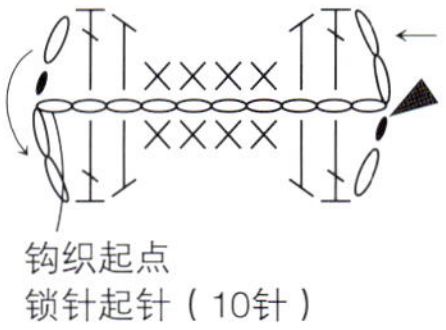

两块卷针缝，同时塞入填充棉

拼接方法

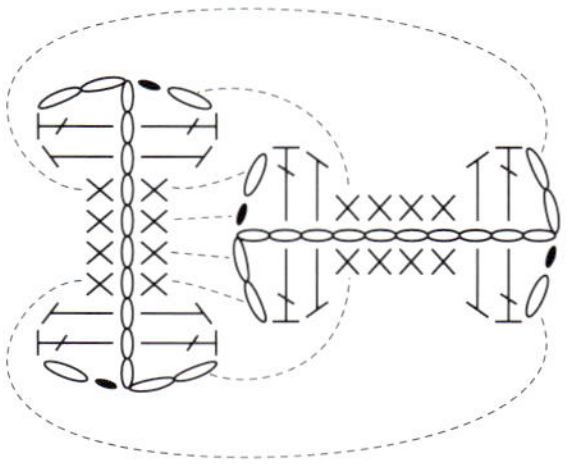

针从反面穿入正面，一针一针缝好

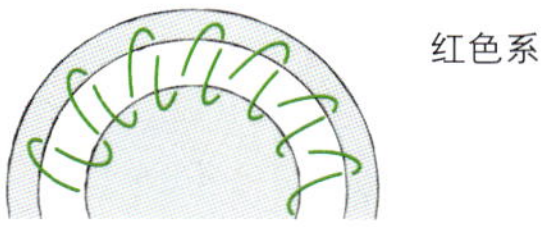

58

尺寸…参照图

作品详见P44

Emmygrande 茶色系（738）…2g，茶色系（736）…少许

钩针2/0号

主体外侧 茶色系（738）

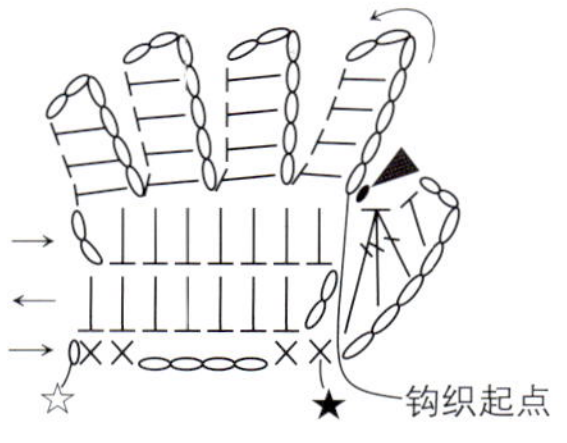

主体内侧 茶色系（738）

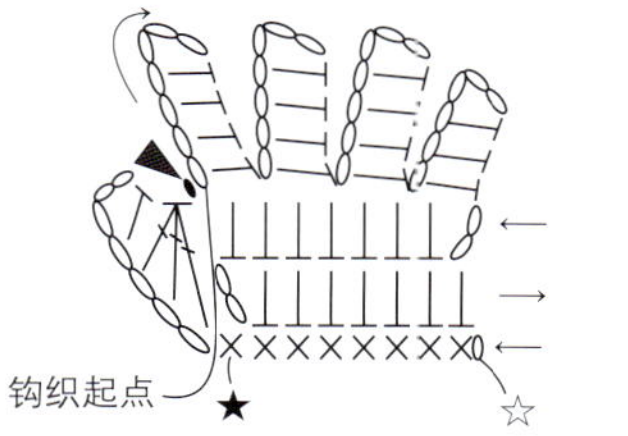

拼接方法

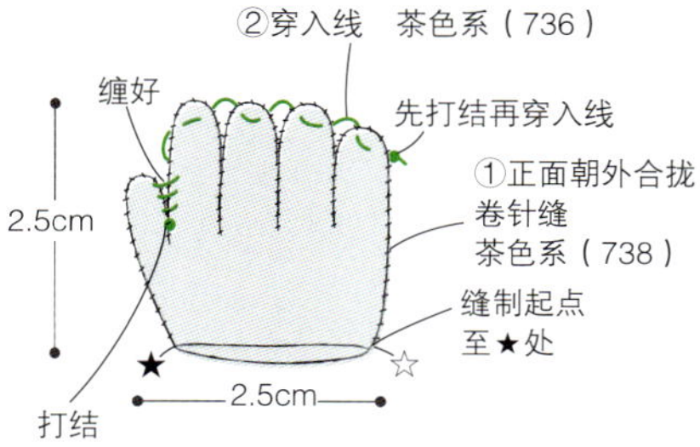

59

尺寸…参照图

作品详见P45

Emmygrande 本白色（804）…少许
Emmygrande <Colors> 蓝色系（316）…少许
Emmygrande <Herbs> 黄色系（582）…少许
填充棉…少许
钩针2/0号

拍儿框 2块

——=蓝色系
——=本白色

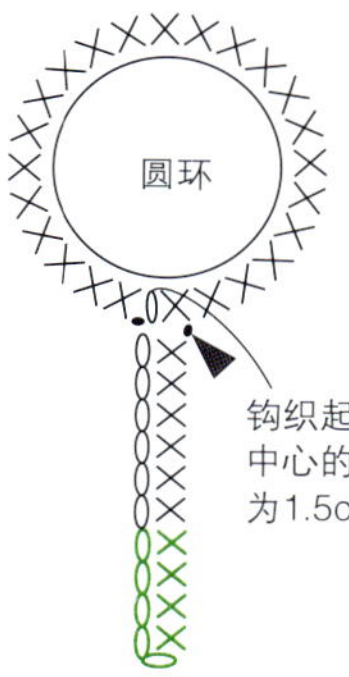

网球拍的拼接方法

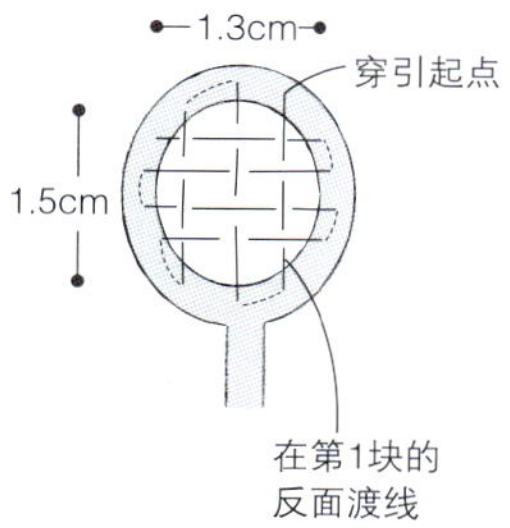

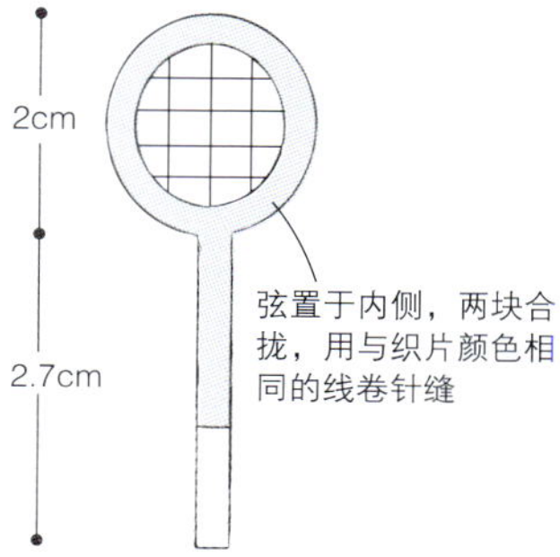

网球主体 黄色系

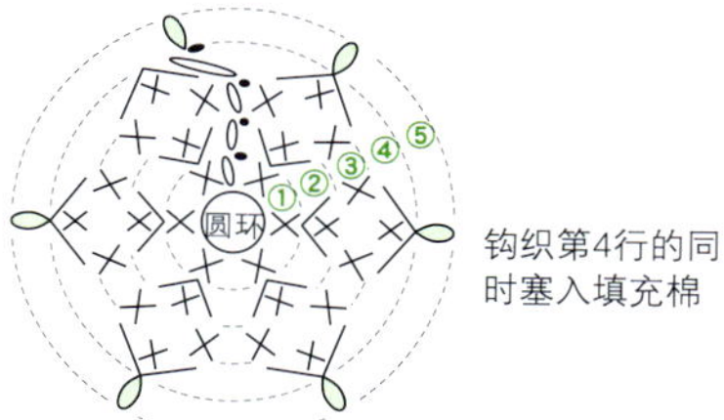

0=针上挂线后引拔抽出

网球的拼接方法

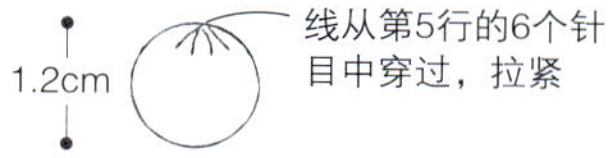

60

尺寸…参照图

作品详见P45

Emmygrande 茶色系（736）、本白色（804）…少许
Emmygrande <Herbs> 茶色系（190）…少许
钩针2/0号

球拍主体 茶色系

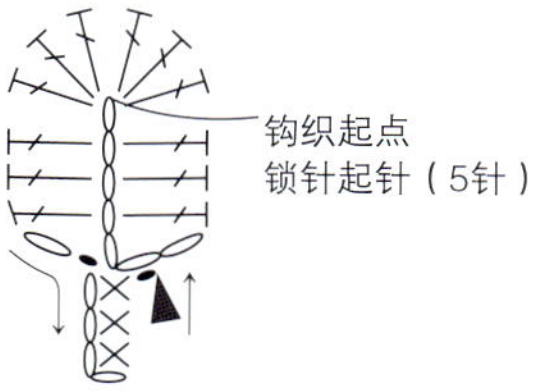

胶皮 红色系

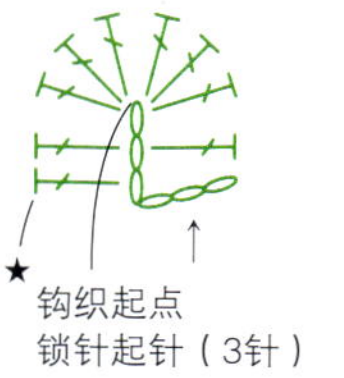

★=留出最后使用的线
（7~8cm）

球拍的拼接方法

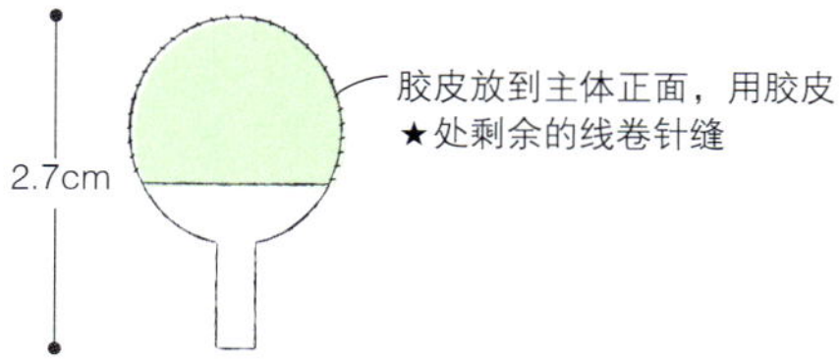

球

本白色

球的拼接方法

钩织起点与钩织终
点的线用力打结

62

尺寸…参照图

作品详见P45

Emmygrande 茶色系（736）、本白色（804）…少许
Emmygrande <Colors> 蓝色系（316）…少许
Emmygrande <Herbs> 红色系（190）…少许
填充棉…少许
钩针2/0号

主体 2块

——=茶色系
——=本白色
▭=红色系
▭=蓝色系

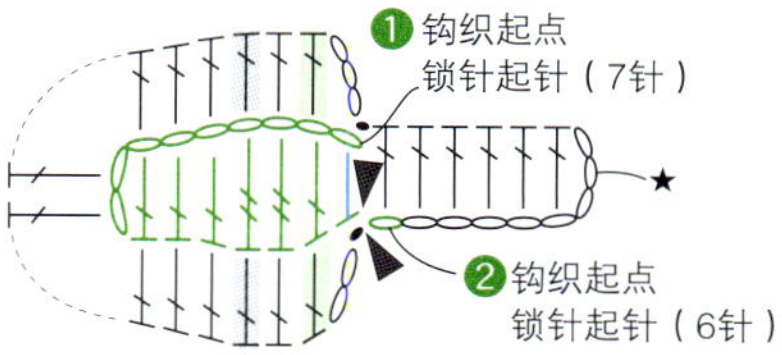

※ ○=在T的头针处接线后开始钩织

拼接方法

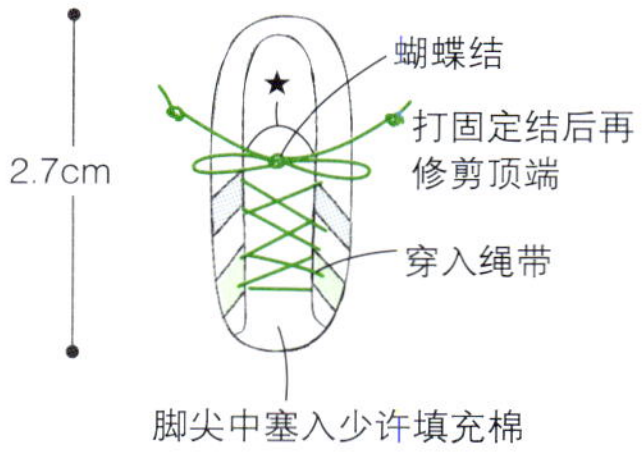

绳带 茶色系

（约15cm）

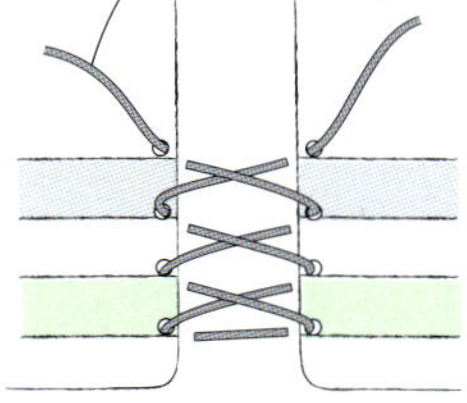

PART

Ⅲ

10月

万圣节

63

巫婆

64

南瓜

65

糖果

a

b

66

幽灵

钩织方法：63・64-P50　65-P42　66-P43　设计／制作：Oka Mariko

67
三岁

68
五岁

69
七岁

II月
七五三

钩织方法：67–P50　68・69–P51　设计／制作　Oka Mariko

64

尺寸…参照图

作品详见P48

Emmygrande <Colors> 橙色系（172）…1.5g，黄色系（555）…少许
Emmygrande <Herbs> 茶色系（745）…少许
填充棉…少许
钩针2/0号

前面 橙色系

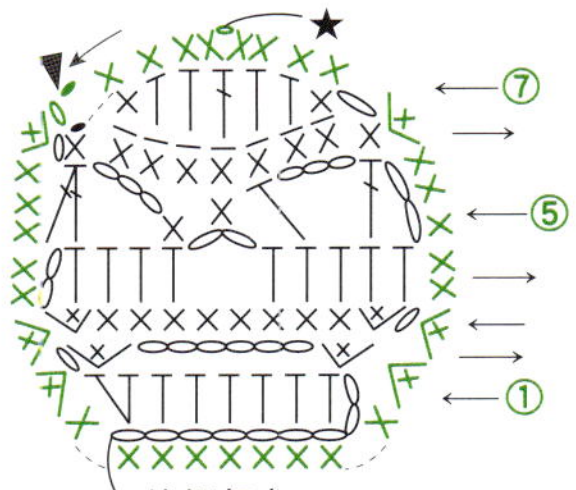

钩织起点
锁针起针（7针）

※将第6行针目的外侧半针（1根线）挑起后钩织第7行

后面 橙色系

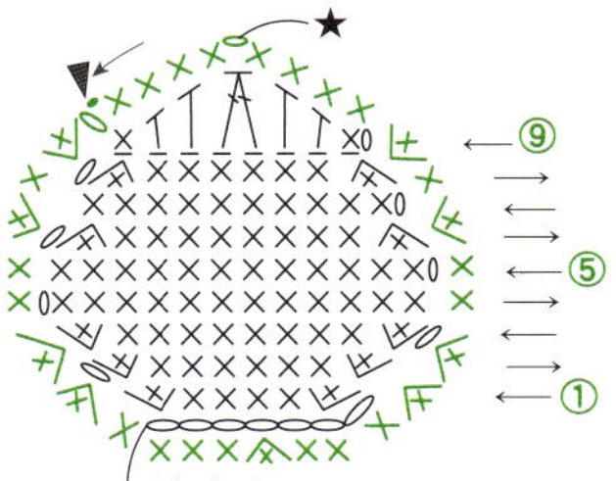

钩织起点
锁针起针（6针）

※将第8行针目的外侧半针（1根线）挑起后钩织第9行

蒂 茶色系

※前面、后面卷针缝后拼接到★处

内面 黄色系

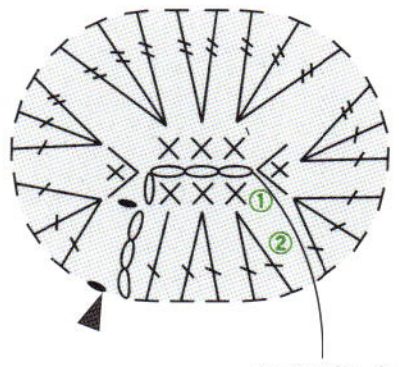

钩织起点
锁针起针
（3针）

拼接方法

②前面、后面正面朝外合拢，塞入填充棉的同时卷针缝

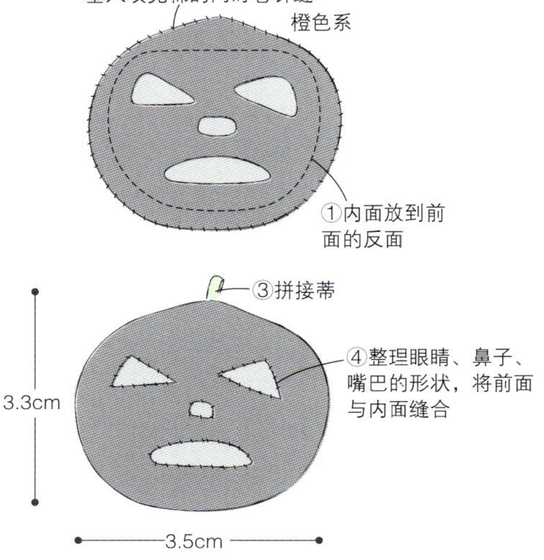

63

尺寸…参照图

作品详见P48

Emmygrande 茶色系（738）…1g，茶色系（736）…少许
Emmygrande <Colors> 黑色（901）…少许
Emmygrande <Herbs> 米褐色系（732）…少许
填充棉…少许
钩针 2/0号

主体外侧

（躯干第1行）
（腿部第9行）=短针的挑针

（脸部）将上一行针目的外侧半针（1根线）挑起后钩织

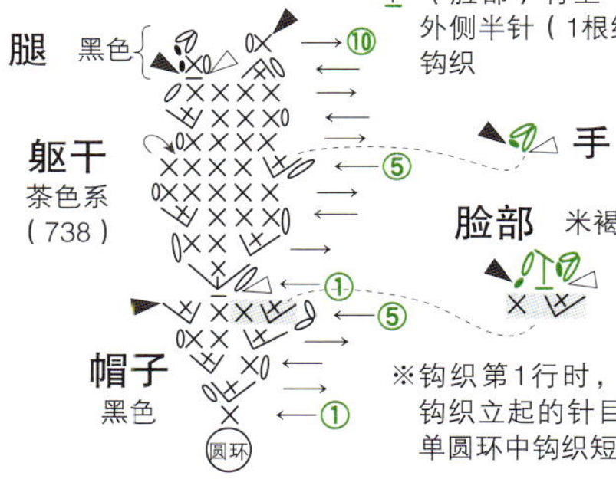

※钩织第1行时，不用钩织立起的针目，在单圆环中钩织短针

主体内侧

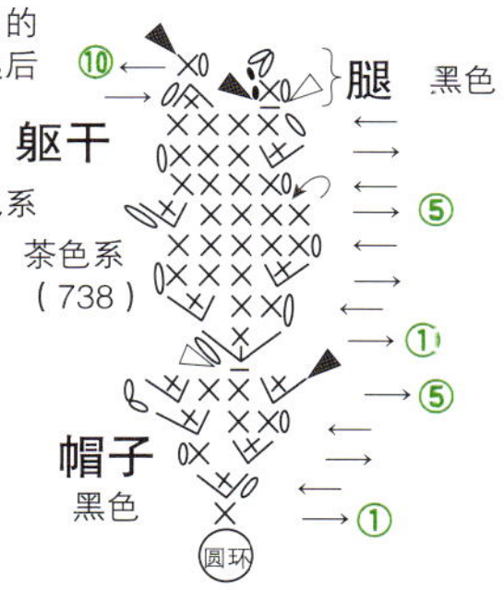

扫帚的柄 茶色系（736）

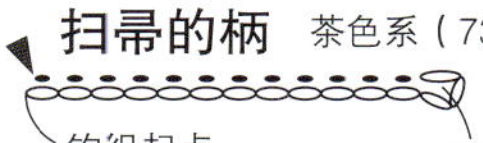

钩织起点
锁针起针（12针）

穿入穗的位置

扫帚的穗 茶色系（736）

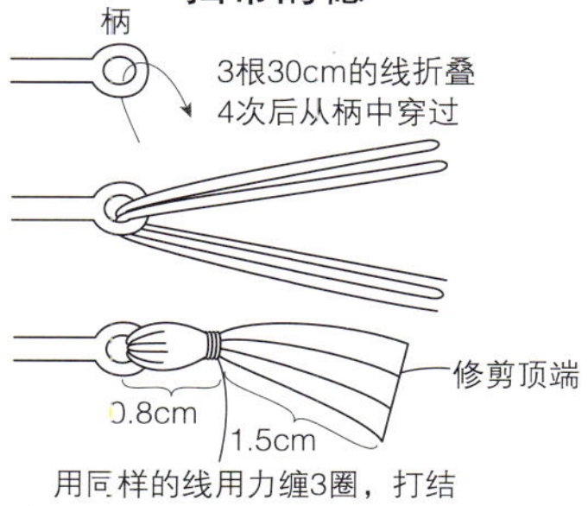

用同样的线用力缠3圈，打结

拼接方法

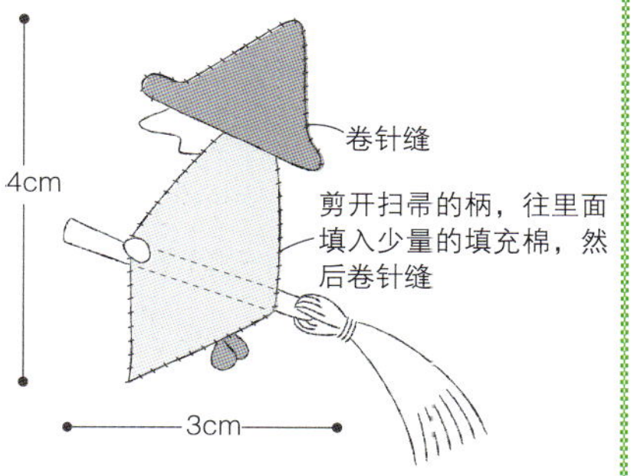

67

尺寸…参照图

作品详见P49

Emmygrande 粉色系（102）…1g
Emmygrande <Colors> 红色系（188）、黑色（901）…各少许
Emmygrande <Herbs> 米褐色系（732）…少许
钩针 2/0号

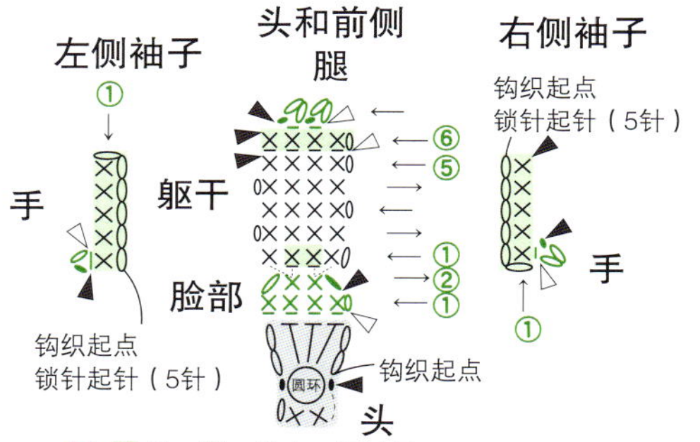

钩织起点
锁针起针（5针）

手、腿= 将上一行针目的外侧半针（1根线）挑起后钩织

后侧

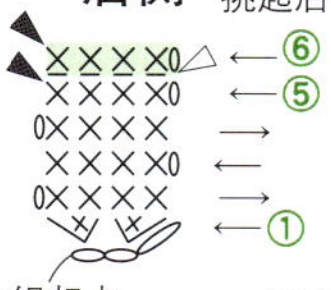

钩织起点
锁针起针（2针）

=黑色
=米褐色系
=红色系
=粉色系

拼接方法

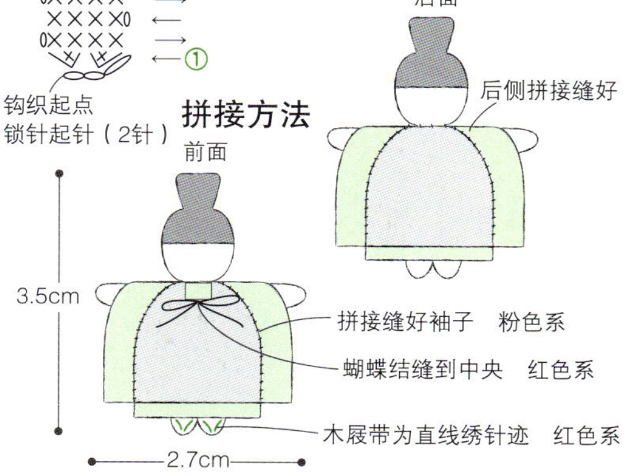

68

尺寸…参照图

作品详见P49

Emmygrande 茶色系（738）…少许
Emmygrande <Colors> 蓝色系（355）…1g、蓝色系（316）、黑色（901）…各少许
Emmygrande <Herbs> 米褐色系（732）…少许
钩针 2/0号

头部和前侧

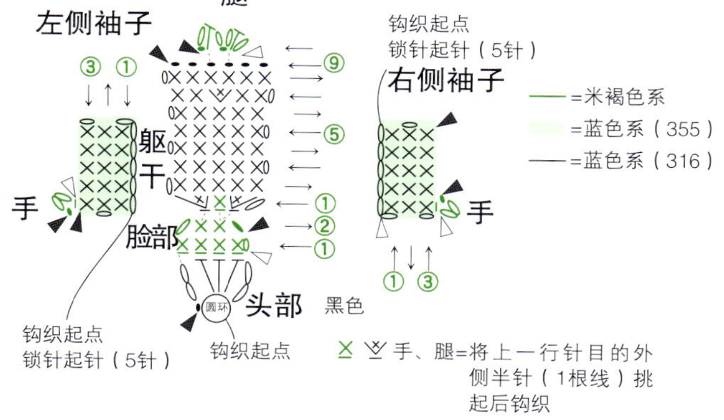

外褂　蓝色系（355）

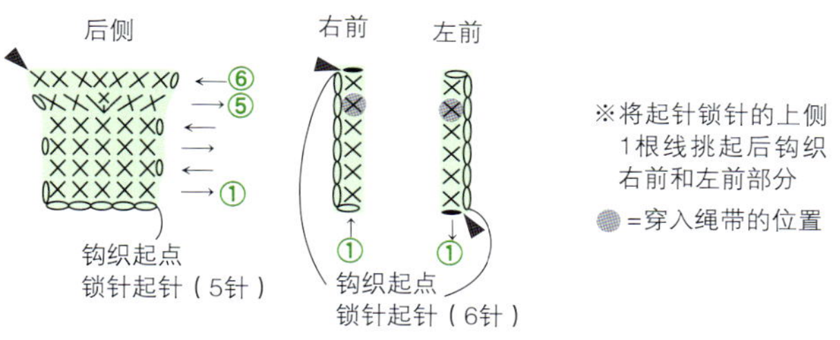

拼接方法

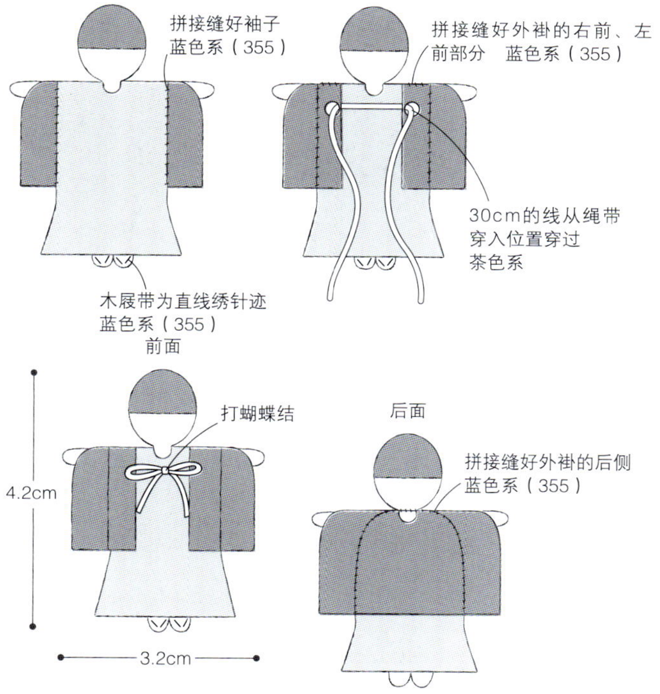

69

尺寸…参照图

作品详见P49

Emmygrande 粉色系（104）…1.5g
Emmygrande <Colors> 粉色系（155）、橙色系（172）、黑色（901）…各少许
Emmygrande <Herbs> 红色系（190）、米褐色系（732）…各少许
Emmygrande <Kasuri> 粉色系（11）…少许
钩针2/0号

头部和前侧

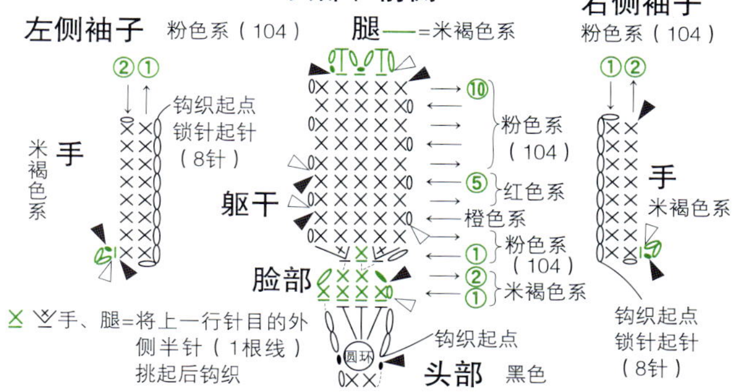

后侧

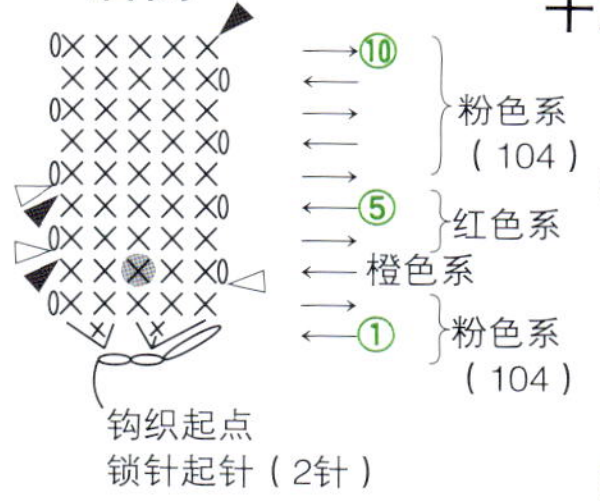

千岁糖的口袋

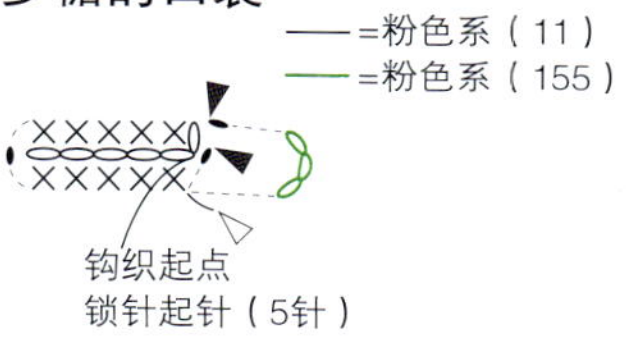

拼接方法

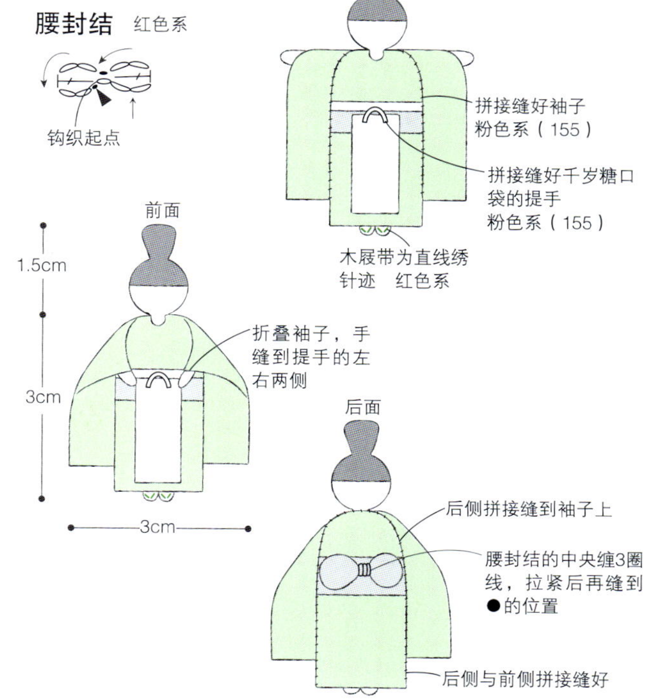

12月

圣诞节

拂过脸颊的风变得冷飕飕的，冬天就要来了。
在屋内的时间越来越多，
试着动动手打发休闲时光如何？
用手工制作的圣诞节装饰或新年装饰，
把房间装点得更可爱温馨吧。

PART IV

冬

70 圣诞树

72 袜子

圣诞树桩蛋糕 71

钩织方法：P54 设计/制作 Endo Hiromi

重点提示 79 花环

作品详见 P57

花环的钩织方法

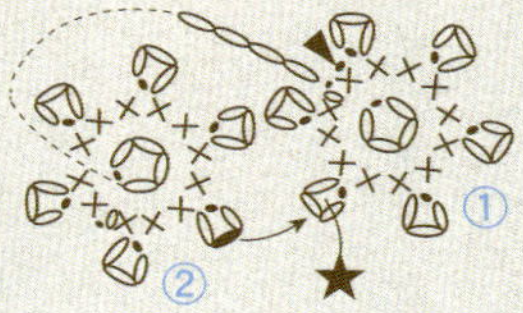

1 钩织完第1块花样后接着钩织8针锁针。

2 钩针插入第5针锁针中，引拔钩织，制作第2块花样的圆环。

3 在圆环中织入短针，钩织第2针狗牙针时，将钩针插入第1块花样的狗牙针中（左图★印记的位置），引拔抽出。

4 引拔钩织完成后如图。

5 翻转织片，接着钩织第2块花样。

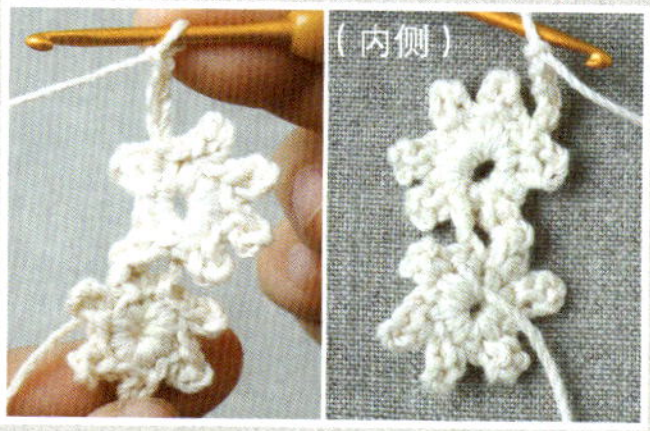

6 第2块花样钩织完成后如图。用同样的方法钩织12块花样，钩织第12块花样时在第1块花样中引拔钩织，形成圆环。

重点提示 83 毽子板

作品详见 P60

短针嵌入花样的钩织方法（内侧渡线的方法）

（第 12 行·内侧）

1 引拔钩织配色花样之前最后1针短针的最后两个线圈时换上b色线。a色线置于内侧，暂时停下。

2 引拔钩织b色线最后短针的两个线圈时，换上之前暂时停下的a色线。a色线不要拉得太紧，注意保持织片平整。

（第 13 行·外侧）

3 引拔钩织配色花样之前最后1针短针的最后两个线圈时将上一行的b色线向上拉再钩织。a色线置于内侧暂时停下。

4 引拔钩织b色线最后1针短针的两个线圈时，换上之前暂时停下的a色线。a色线不要拉得太紧，注意保持织片平整。

5 钩织至第13行的顶端后如图。反面渡线后的状态如图。

6 用同样的方法换上配色线后钩织至最后。处理好线头，避免影响正面的效果。

70

尺寸…参照图

作品详见P52

Emmygrande <Colors> 绿色系（265）…2g
Emmygrande <Herbs> 红色系（190）…1g
星形亮片（直径1cm）金色…1片，黏合剂
钩针 2/0号

拼接方法

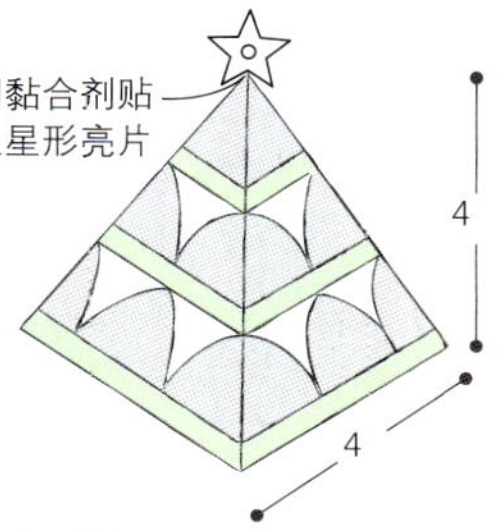

主体

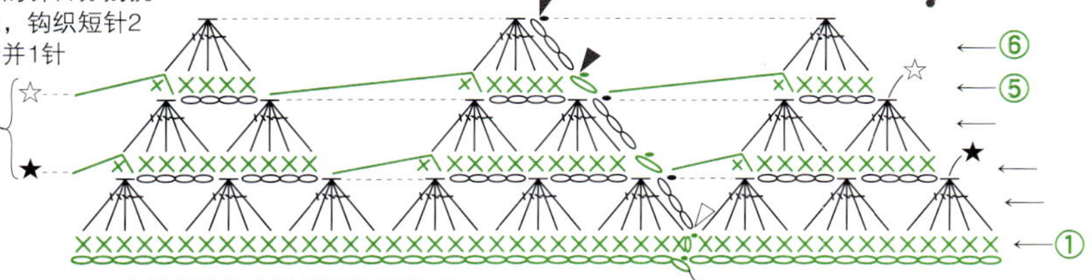

※将起针的里山挑起后钩织第1行
※钩织第3行与第5行锁针上方的短针时，将锁针成束挑起后再钩织

73

尺寸…参照图

作品详见P56

Emmygrande <Herbs> 白色（800）…少许
Renaissance Lame 金色（101A）…少许
钩针 2/0号

主体

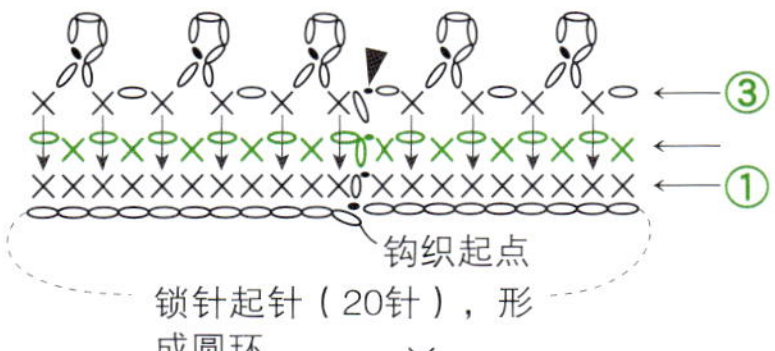

×（第3行）=从第2行的内侧插入钩针，在第1行的短针中钩织

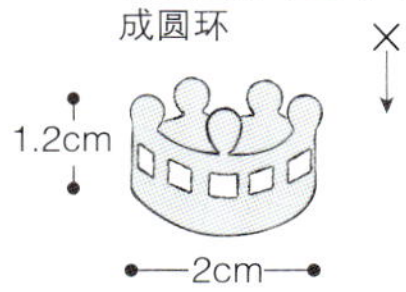

71

尺寸…参照图

作品详见P52

Emmygrande <Colors> 本白色（804）…3g，绿色系（265）…少许
Emmygrande <Herbs> 茶色系（745）…2g，红色系（190）…少许
星形亮片（直径1cm）银色…1片，圆形小串珠 银色…34颗
钩针 2/0号

※本白色的钩织线中穿入33颗串珠

※反面用作正面

拼接方法

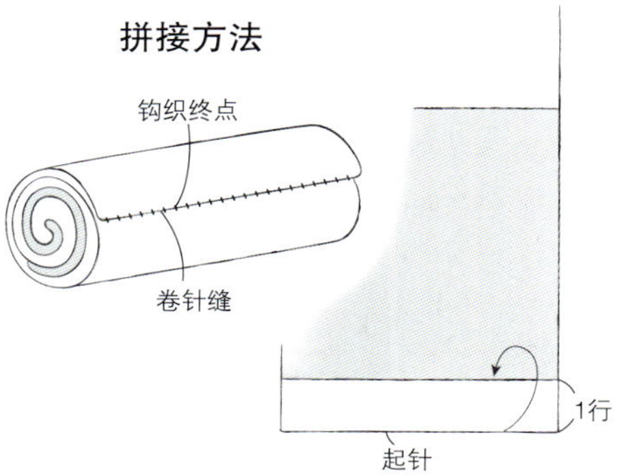

茶色的织片放到本白色织片的正面，向上卷起

丝带交叉，放上亮片和串珠，缝好固定

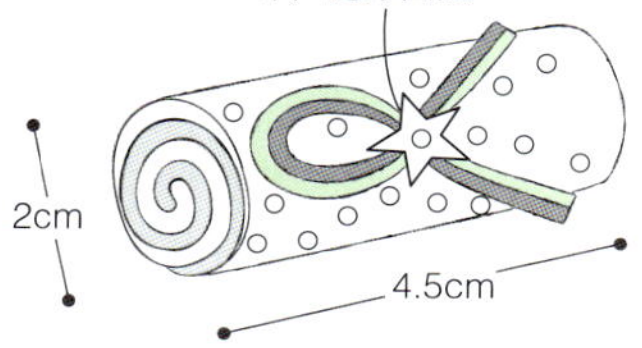

丝带

钩织起点 锁针起针（30针）

※将锁针的里山挑起钩织引拔针

①～⑦ 1块 茶色系

①～㉕ 1块 本白色

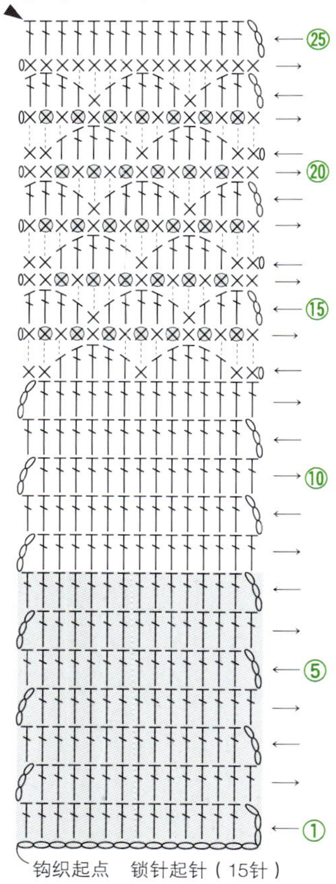

⊗=在短针中织入1颗串珠

72

尺寸…参照图

作品详见P52

Emmygrande <Colors> 本白色（804）…1g，绿色系（265）…少许
Emmygrande <Herbs> 红色系（190）…1g
钩针 2/0号

主体

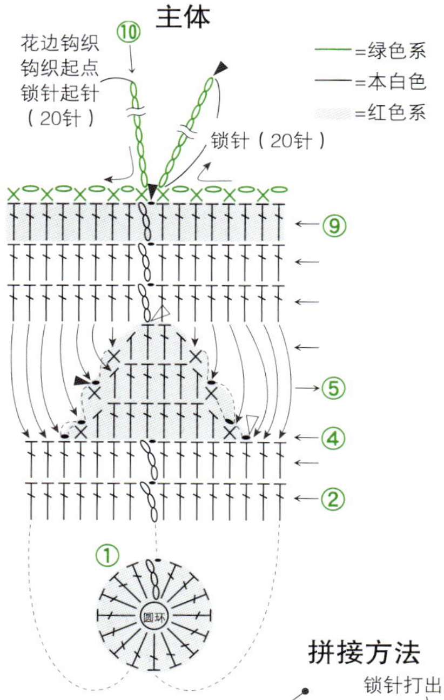

拼接方法

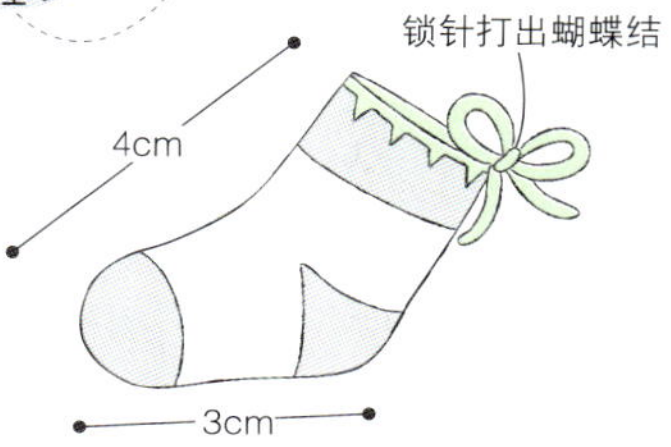

74

尺寸…参照图

作品详见P56

Emmygrande <Herbs> 蓝色系（341）…2g，白色（800）…少许
Renaissance Lame 金色（101A）…少许
填充棉…少许
钩针2/0号

盒子表面 6块

—=蓝色系
—=白色

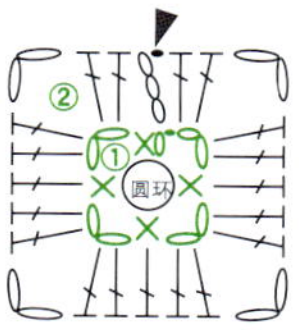

拼接方法 白色

↓=在此针中钩织

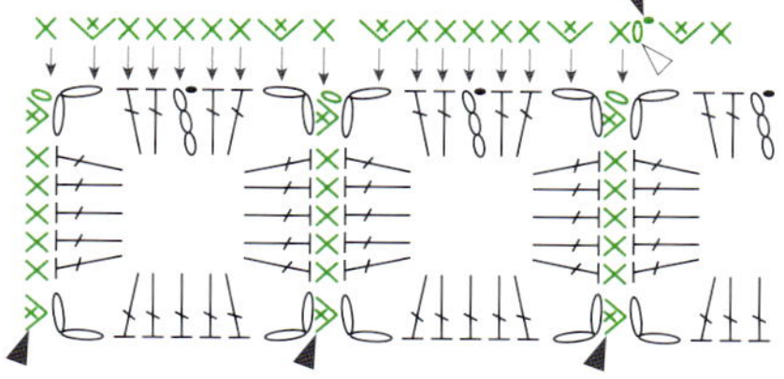

①侧面与侧面相接，纵向用短针连接
②连接好的侧面与上面相接，再用短针连接
③塞入填充棉，同时将侧面与底面相接，用短针连接

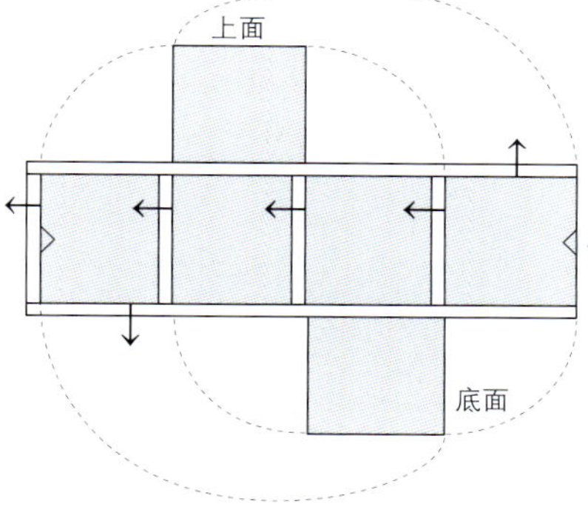

丝带 金色

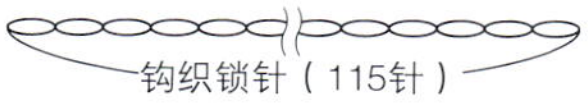

拼接方法

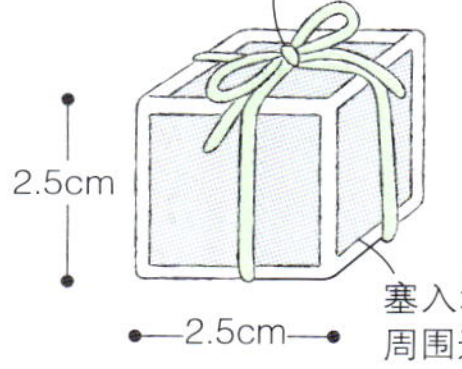

77

尺寸…参照图

作品详见P57

Emmygrande <Herbs> 红色系（190）…1g，白色（800）…少许
钩针2/0号

主体

—=红色系
—=白色

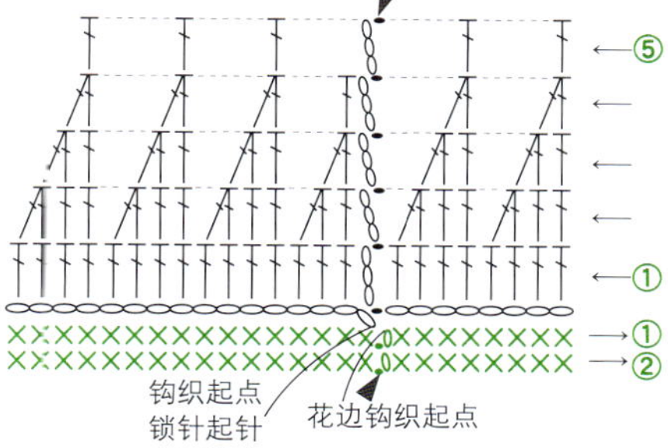

拼接方法

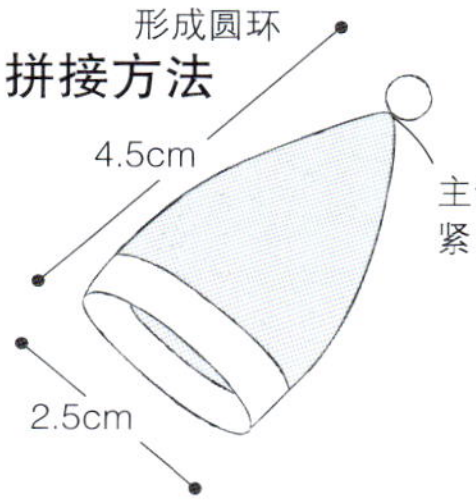

主体的6个针目缝好拉紧，顶端拼接绒球

绒球 白色

75

尺寸…参照图

作品详见P56

Emmygrande <Herbs> 蓝色系（341）…1g，红色系（190）…少许
Renaissance Lame 金色（101A）…少许
填充棉…少许
钩针2/0号

主体 2块

=金色
—=蓝色系
—=红色系

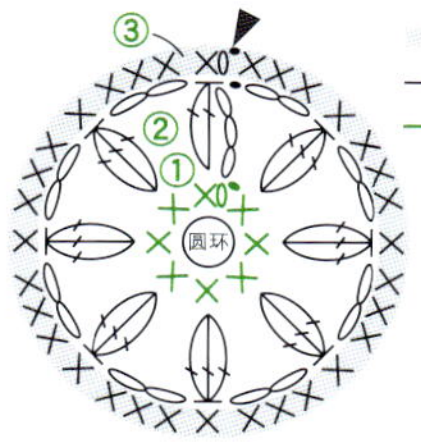

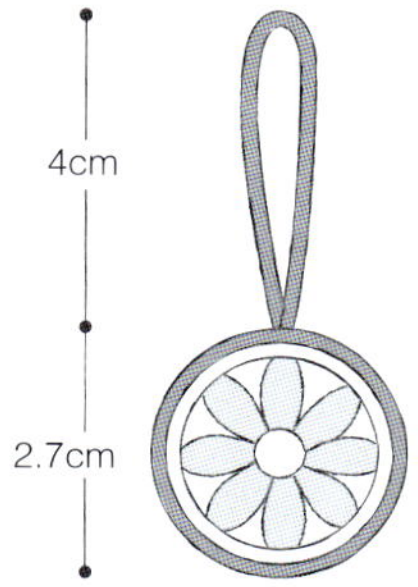

拼接方法

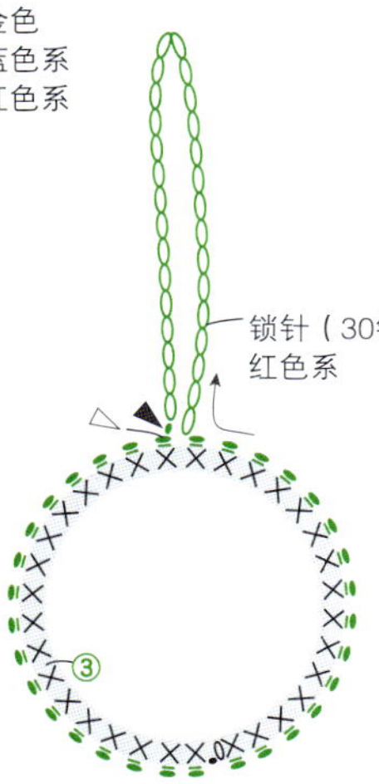

主体的两块织片正面朝外合拢，塞入填充棉后分别将与短针相对的中心侧半针（1根线）挑起，钩织引拔针 红色系

76

尺寸…参照图

作品详见P56

a：Emmygrande <Colors> 本白色（804）…少许
Emmygrande <Herbs> 红色系（190）…少许
Renaissance Lame 金色（101A）…少许

b：Emmygrande <Herbs> 蓝色系（341）…少许
Renaissance Lame 金色（101A）…少许
钩针 2/0号

主体 各2块

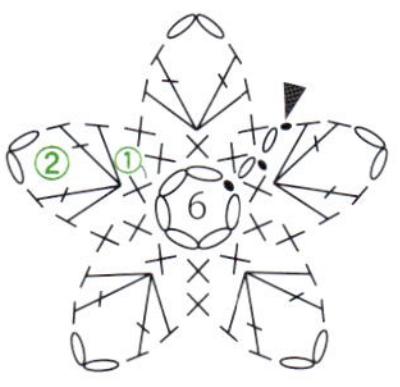

a 金色
b 蓝色系

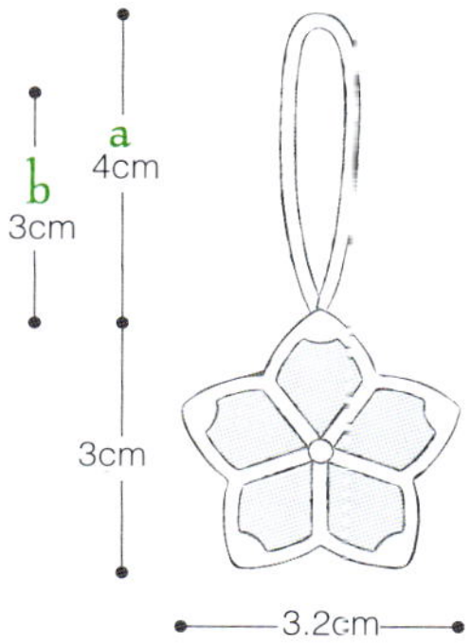

拼接方法

a 红色系 锁针（30针）
b 金色 锁针（20针）

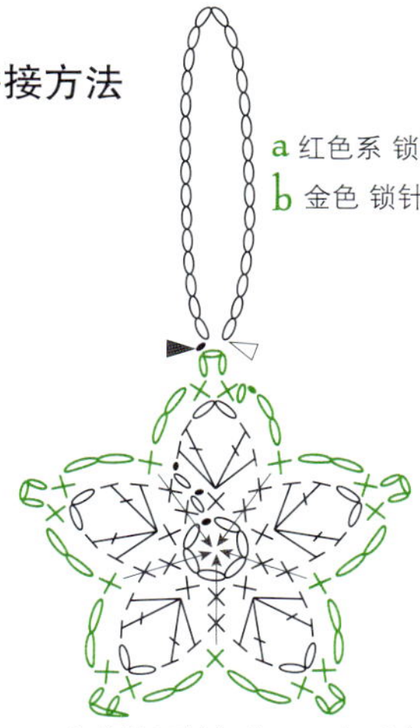

※主体的两块织片正面相对合拢，用1行花边钩织连接

※ ×（花边钩织）=从主体上侧将钩针插入中心的圆环中，钩织短针

a 本白色　b 金色

PART

IV

12月

圣诞节

73
王冠

74
礼物盒

75
装饰物

76
装饰物

a

b

钩织方法：73–P54　74・75・76–P55　设计 / 制作　Endo Hiromi

77
帽子

78
圣诞花

79
花环

80
蜡烛（大）

81
蜡烛（小）

钩织方法：77-P55　78・79・80・81-P58　设计 / 制作　Endo Hiromi

78

尺寸…参照图

作品详见P57

Emmygrande <Herbs> 红色系（190）…2g，绿色系（252）…少许

钩针2/0号

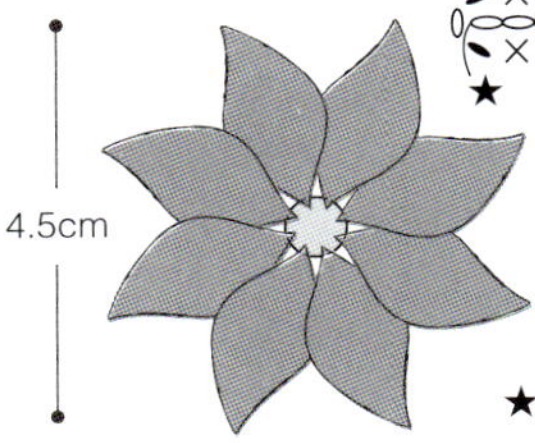

主体

——=绿色系

——=红色系

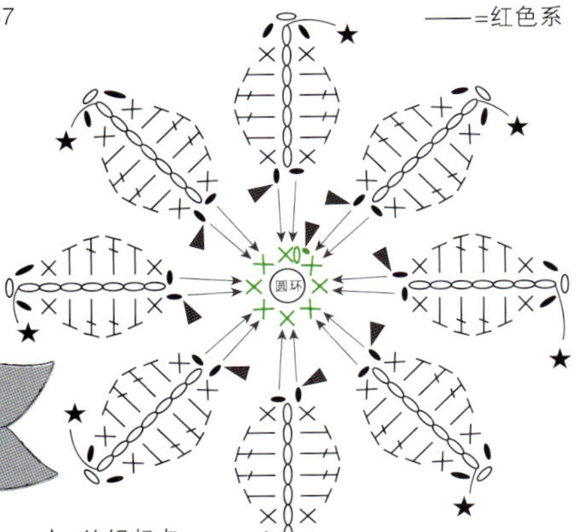

★=钩织起点
锁针起针（7针）

79

尺寸…参照图

作品详见P57

重点提示P53

拼接方法

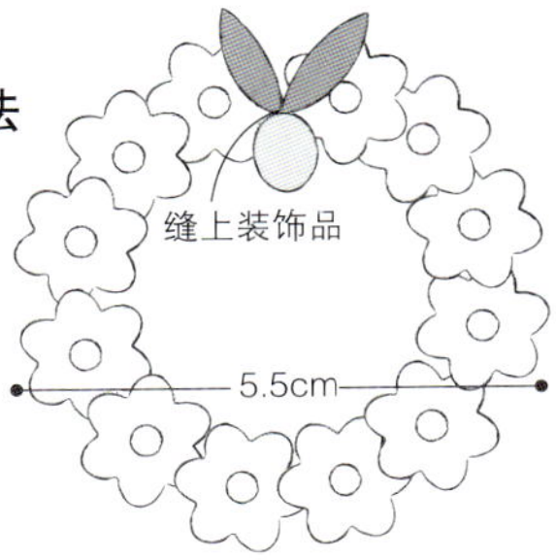

Emmygrande <Colors> 绿色系（265）…少许

Emmygrande <Herbs> 白色（800）…2g

Renaissance Lame 金色（101A）…少许

钩针2/0号

主体

白色

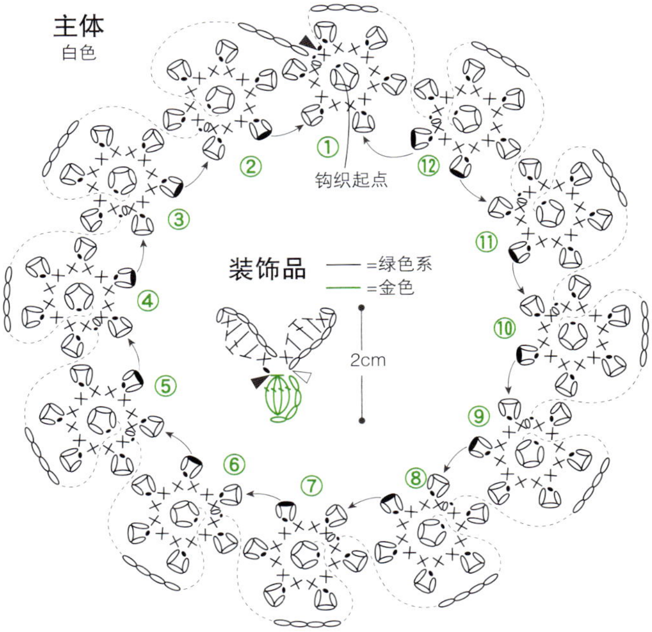

装饰品

——=绿色系

——=金色

80

尺寸…参照图

作品详见P57

Emmygrande <Colors> 本白色（804）……1g，绿色系（265）…少许

Emmygrande <Herbs> 红色系（190）…2g

Renaissance Lame 金色（101A）…少许

填充棉…少许

钩针2/0号

上面

本白色

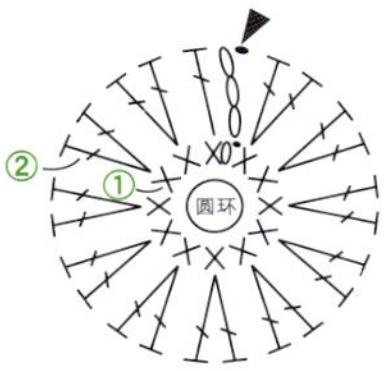

装饰

——=红色系

——=绿色系

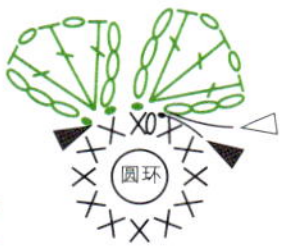

底面与侧面

——=红色系

——=金色

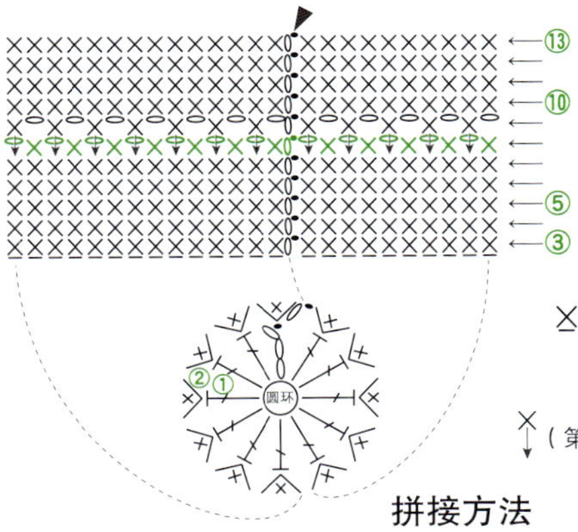

X=短针的挑针

X（第9行）=从第8行的内侧插入钩针，在第7行的短针中钩织

拼接方法

②火焰顶端的线头插入上面中心，固定在反面

③塞入填充棉，上面与侧面正面朝外对齐，看着上面的同时，分别将中心侧相对的半针（1根线）挑起，钩织引拔针　金色

①缝上装饰

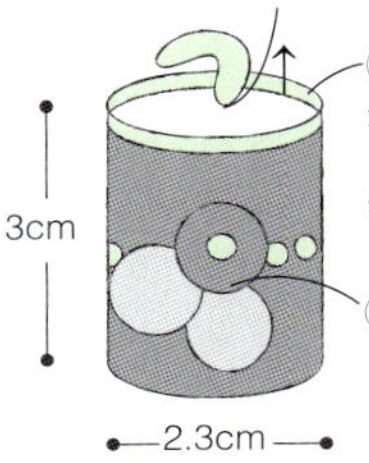

火焰

金色

钩织起点
锁针起针
（5针）

81

尺寸…参照图

作品详见P57

Emmygrande <Colors> 本白色（804）…1g

Emmygrande <Herbs> 红色系（190）…2g

Renaissance Lame 金色（101A）…少许

填充棉…少许

钩针 2/0号

上面

本白色

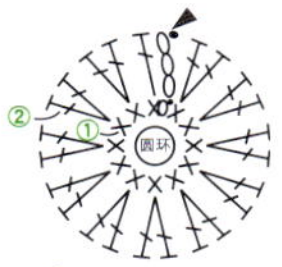

底面与侧面

——=红色系

——=金色

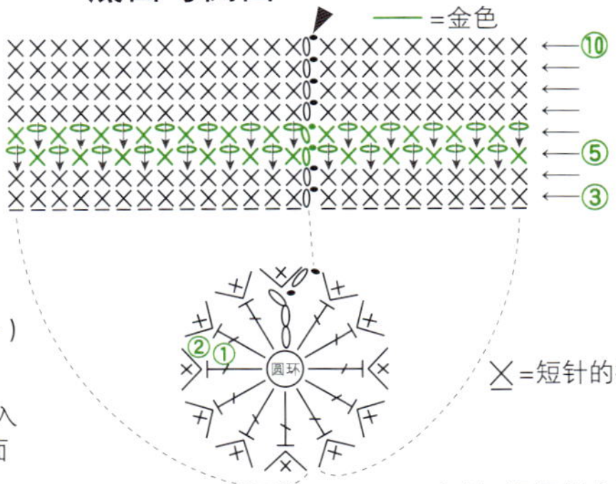

X=短针的挑针

※在第3行短针中织入第5行的短针

火焰

金色

钩织起点
锁针起针（5针）

拼接方法

①火焰顶端的线头插入上面中心，固定在反面

②塞入填充棉，上面与侧面正面朝外对齐，看着上面的同时，分别将中心侧相对的半针（1根线）挑起，钩织引拔针　金色

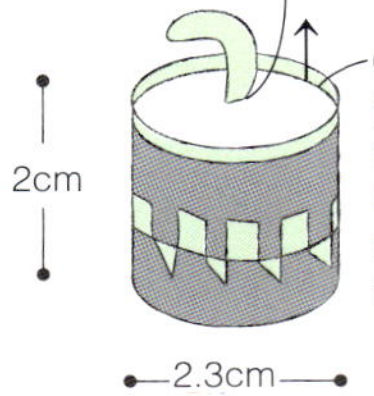

X（第6、7行）=从上一行的内侧插入钩针，在上两行的短针中钩织

82

尺寸…参照图

作品详见P60

Emmygrande <Colors> 白色（801）…1.5g，米褐色系（734）…1g，蓝色系（371）、紫色系（675），黑色（901）…各少许
填充棉…少许
蕾丝针0号

袖子 主体 2块 袖子

=紫色系 =蓝色系 —=白色 —=米褐色系

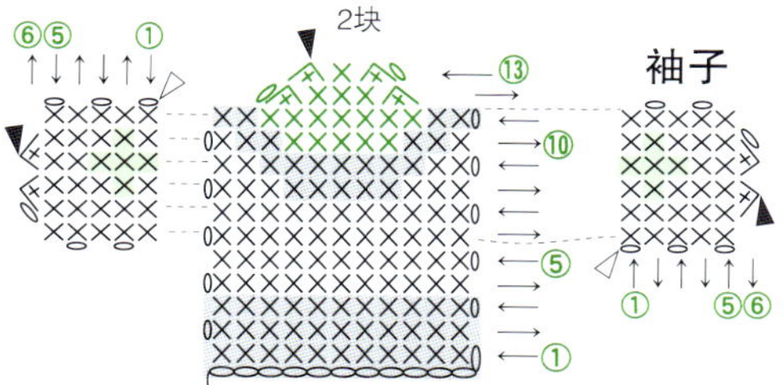

钩织起点 锁针起针（11针）
※钩织袖子第1行时，在主体第6~11行中逐一织入短针

发髻

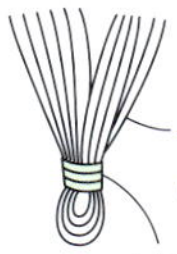

拼接方法

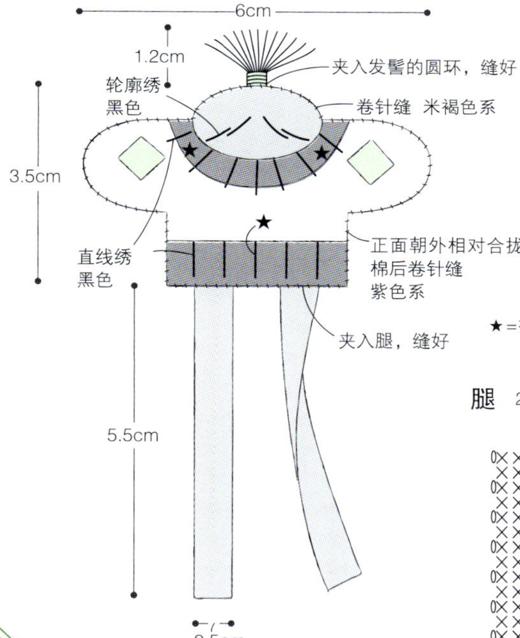

★=拼接线的位置

※两块同样缝制

腿 2根 米褐色系

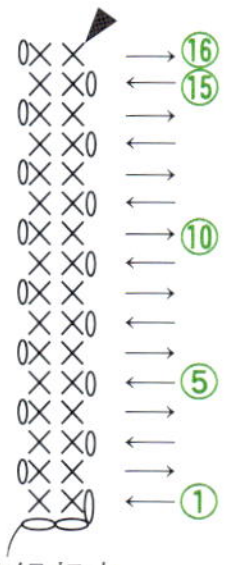

钩织起点
锁针起针（2针）

线的拼接方法

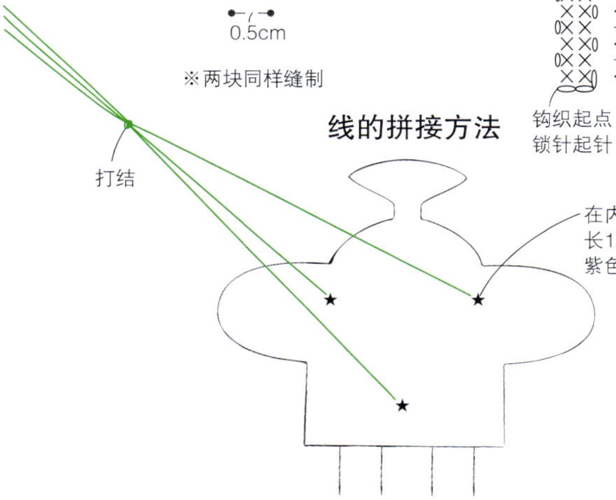

83

尺寸…参照图

作品详见P60

重点提示P53

Emmygrande <Colors> 红色系（188）、黄色系（514）、紫色系（675）、黑色（901）…各少许
Lame 25g 金色（L310）…少许
填充棉…少许
蕾丝针 0号

主体

外侧、内侧各1块

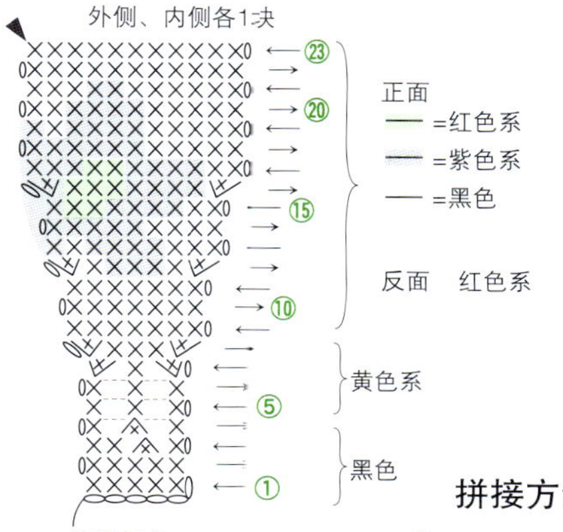

钩织起点
锁针起针（5针）

拼接方法

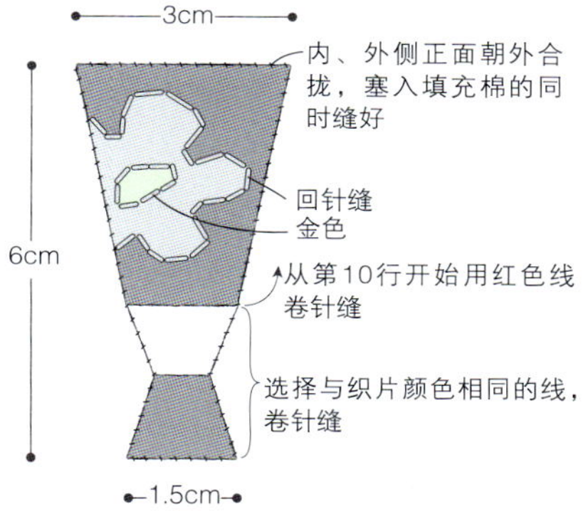

84

尺寸…参照图

作品详见P60

a：Emmygrande <Colors> 黑色（901）…少许
Emmygrande <Herbs> 粉色系（119）、绿色系（273）、蓝色系（341）…各少许
b：Emmygrande <Colors> 黑色（901）…少许
Emmygrande <Herbs> 橙色系（171）、绿色系（273）、紫色系（600）…各少许
填充棉…少许
蕾丝针0号

a·b 共通 —=黑色 —=绿色系
a =粉色系 =蓝色系
b =紫色系 =橙色系

主体

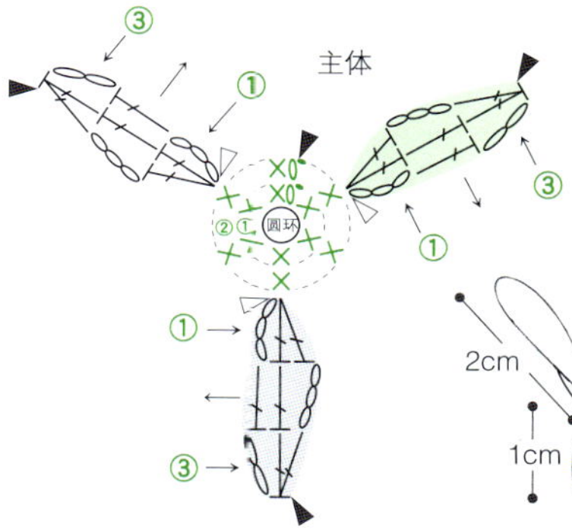

拼接方法

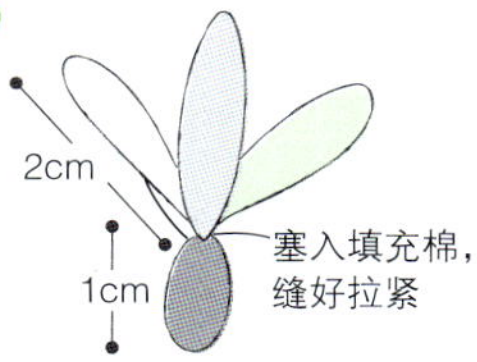

PART

IV

I月

正月

钩织方法：82・83・84–P59　85–P62　设计 / 制作 Ryo

86

圆环装饰

87

镜饼

88

花饼

89

门松

钩织方法：86・88-P62　87・89-P63　设计 / 制作 Ryo

85

尺寸…参照图

作品详见P60

Emmygrande <Colors> 红色系（188）、黑色（901）…各1g，绿色系（222）、黄色系（514）、紫色系（675）…各少许
填充棉…少许
蕾丝针0号

侧面 黑色

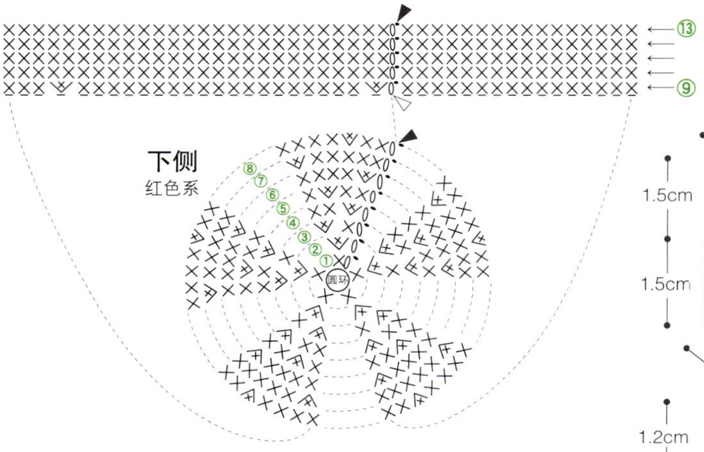

拼接方法

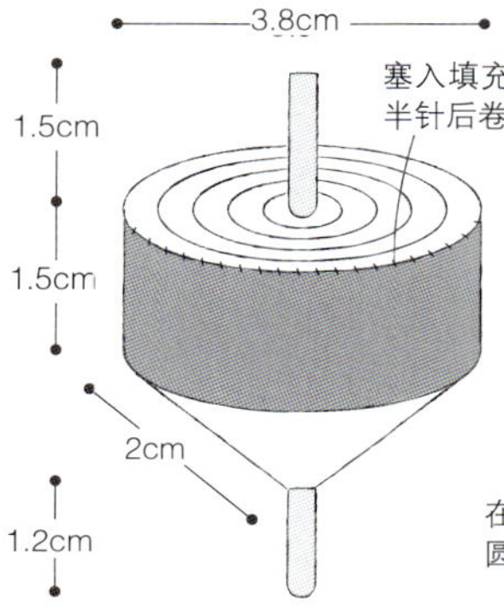

上面

—— =红色系
—— =黑色
▭ =紫色系
▭ =绿色系

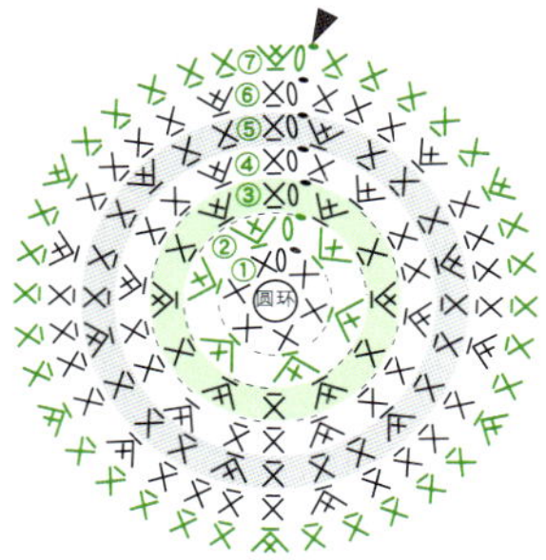

轴心上侧 黄色系

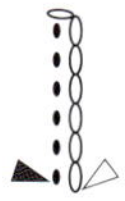

在上面起针的圆环中钩织

轴心下侧 黄色系

在下侧起针的圆环中钩织

86

尺寸…参照图

作品详见P61

Emmygrande 绿色系（200）…少许
Emmygrande <Colors> 黄色系（514）…1g，红色系（188）、黄色系（555）…各少许
蕾丝针0号

稻梗 3根 黄色系（514）

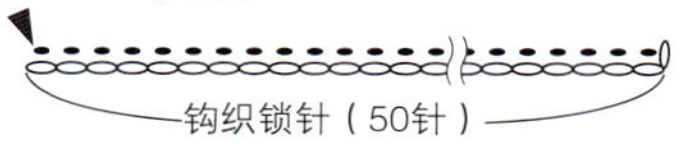

拼接方法

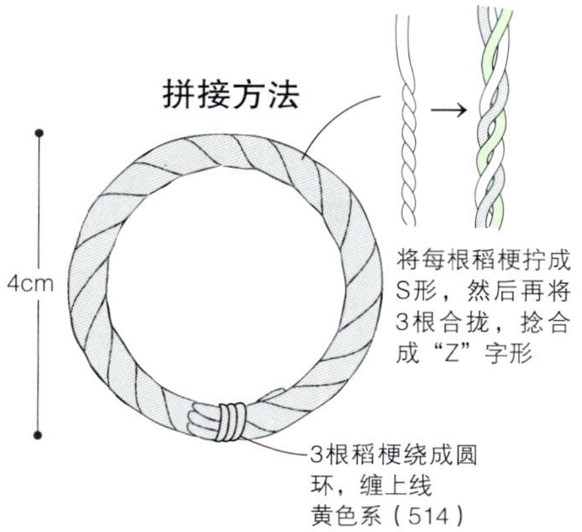

花

—— =黄色系（555）
—— =红色系

叶子 绿色系

稻草束 黄色系（514）

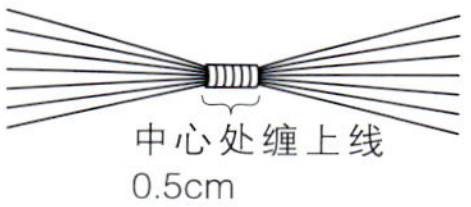

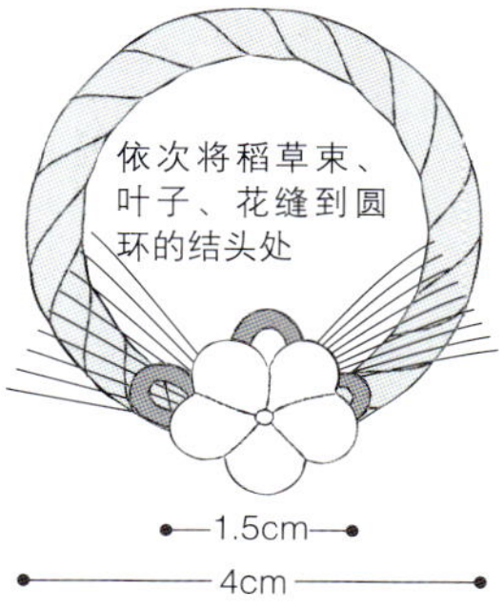

88

尺寸…参照图

作品详见P61

Emmygrande <Herbs> 粉色系（119）、白色（800）…各少许
Lame 25g 金色（L310）…少许
花朵用铁丝（茶色）…30cm，黏合剂
蕾丝针0号

饼 粉色系、白色 各6个

拼接方法

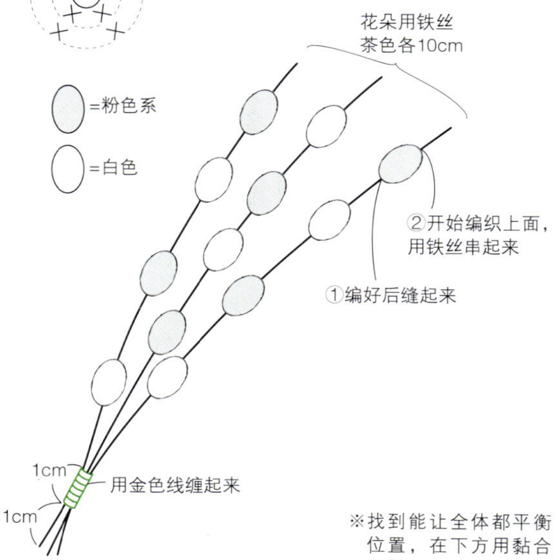

※找到能让全体都平衡的位置，在下方用黏合剂固定

87

尺寸…参照图

作品详见P61

Emmygrande <Colors> 本白色（804）…2g，绿色系（229）、黄色系（555）…各少许
填充棉…少许
蕾丝针0号

主体下层 本白色

X =短针的挑针

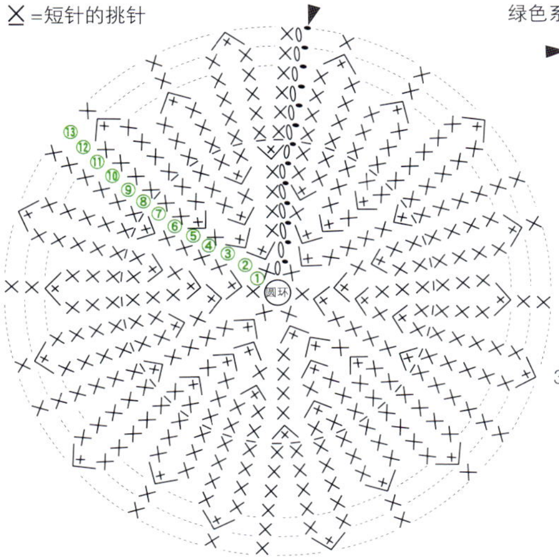

叶子

绿色系

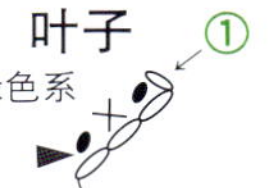

钩织起点
锁针起针（3针）

酸橙 黄色系

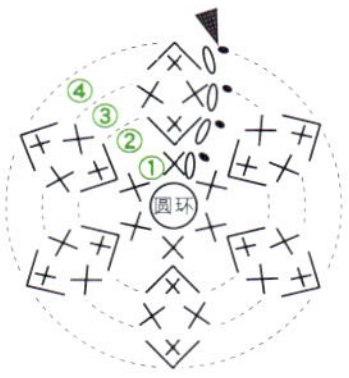

主体 上层 本白色

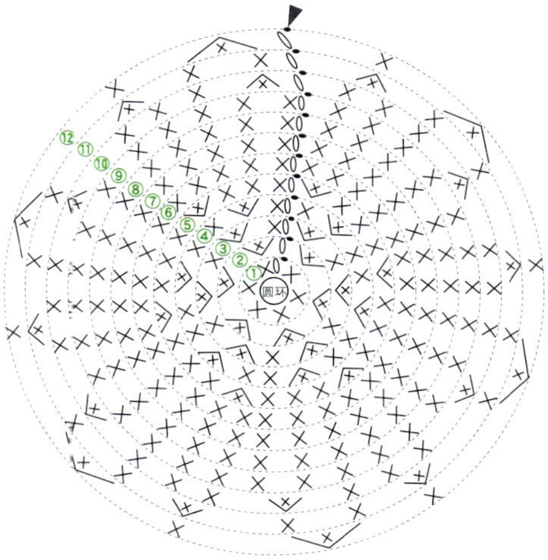

拼接方法

③酸橙中塞入填充棉，第4行缝好拉紧，缝到上层

④缝上叶子

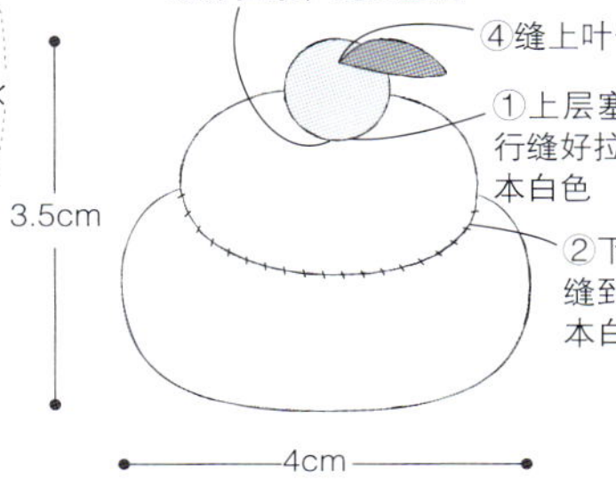

①上层塞入填充棉，第12行缝好拉紧
本白色

②下层塞入填充棉，上侧缝到第12行的头针处
本白色

89

尺寸…参照图

作品详见P61

Emmygrande 绿色系（200）…少许
Emmygrande <Colors> 绿色系（265）、黄色系（514）…各1g，粉色系（155）、红色系（188）、本白色（804）…各少许
Lame 25g 金色（L310）…少许
填充棉…少许
蕾丝针0号

竹子的切口 3块 本白色

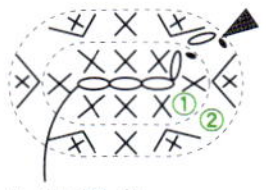

钩织起点
锁针起针（3针）

竹子

大 1根 小2根
绿色系（265）

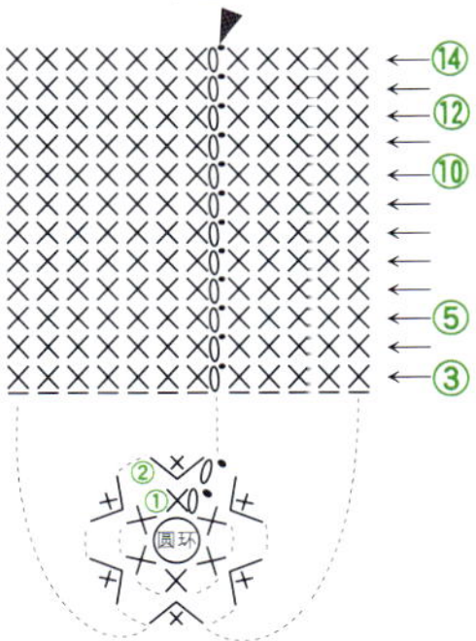

基底 黄色系

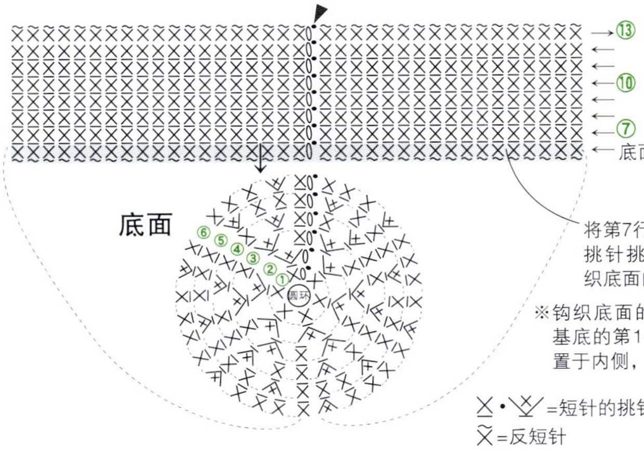

将第7行底部的挑针挑起，钩织底面的花边

※钩织底面的花边时，先钩织基底的第1~13行，再将侧面置于内侧，看着侧面钩织

X・X =短针的挑针
X =反短针

拼接方法

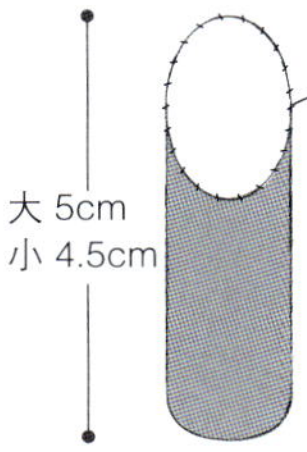

竹子
塞入填充棉，与切口对齐后卷针缝
绿色系（265）

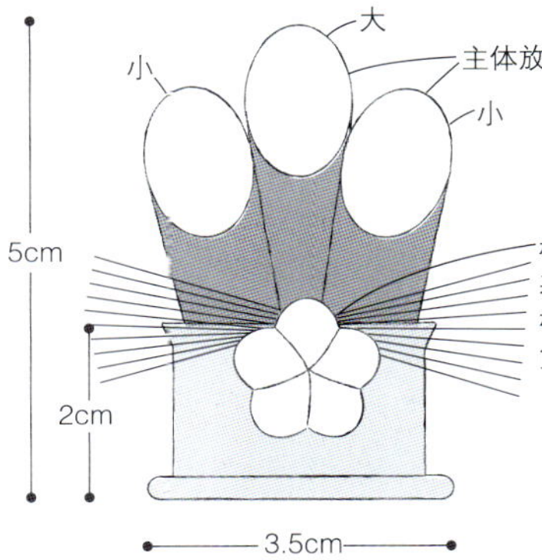

主体放入基底中

松枝的中心缝到基底的花边处
梅花的中心缝到第12行

梅花

—— =粉色系
—— =红色系

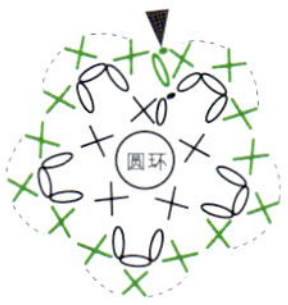

松枝

—— =绿色系（200）
—— =金色

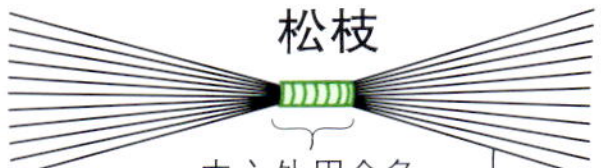

中心处用金色线缠0.5cm

用32根长7cm的绿色系（200）线结成束，再剪齐成5cm

PART

IV

90

手提包

91

长袖和服

I月

成人式

92

草屐

钩织方法：90・91–P66　92–P67　设计 / 制作　芹泽圭子

93
蓝鬼

94
红鬼

95
金棒

2月
节分

钩织方法：P67　设计 / 制作　芹泽圭子

90

尺寸…参照图

作品详见P64

Emmygrande <Colors> 白色（801）…少许
Emmygrande <Mix>粉色、紫色系（M1）…1g
圆形大串珠 金色…35颗
填充棉…少许
蕾丝针0号

主体

—— =粉色・紫色系
—— =白色
× =短针中织入1颗串珠

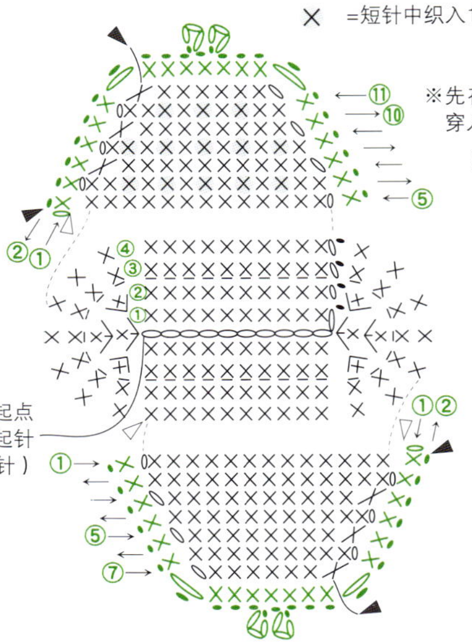

※先在粉色、紫色系线中穿入13颗串珠

× =短针的挑针

- - - - =继续钩织

拼接方法

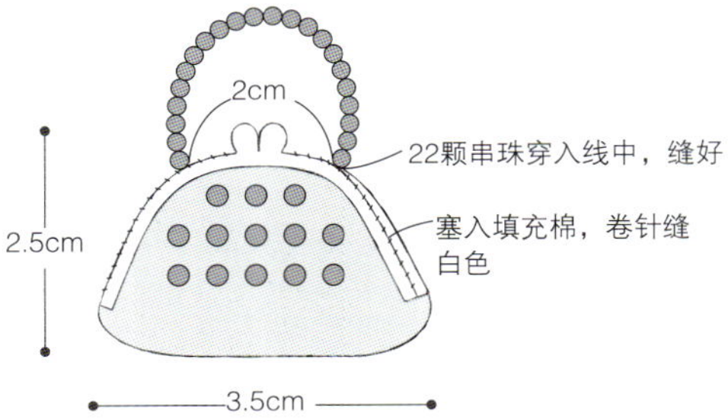

91

尺寸…参照图

作品详见P64

Emmygrande 紫色系（676）…少许
Emmygrande <Colors> 黄色系（543）、白色（801）…少许
Emmygrande <Mix> 粉色、紫色系（M1）…1.5g
圆形大串珠 金色…1颗
蕾丝针0号

衣身和衣领

—— =粉色、紫色系
—— =白色

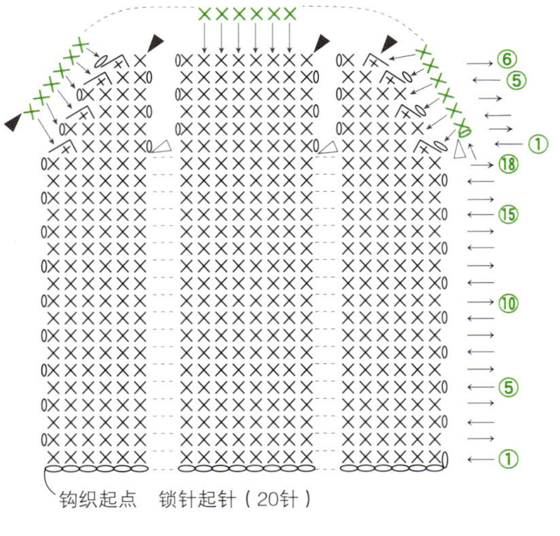

↓ =在此针中钩织
- - - - =继续钩织

※缝好肩后再钩织衣领

袖子 2块

粉色、紫色系

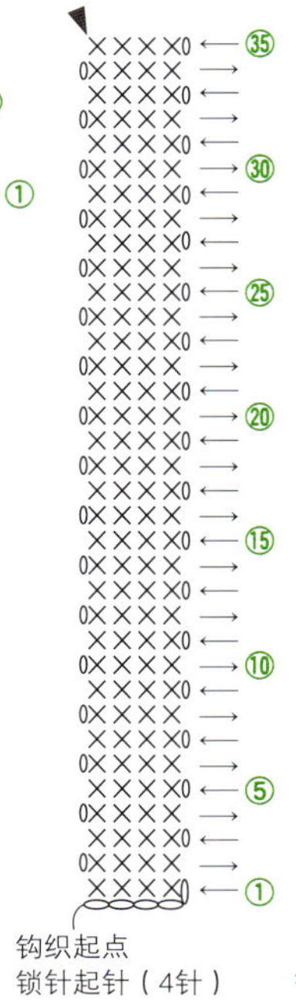

腰封

紫色系

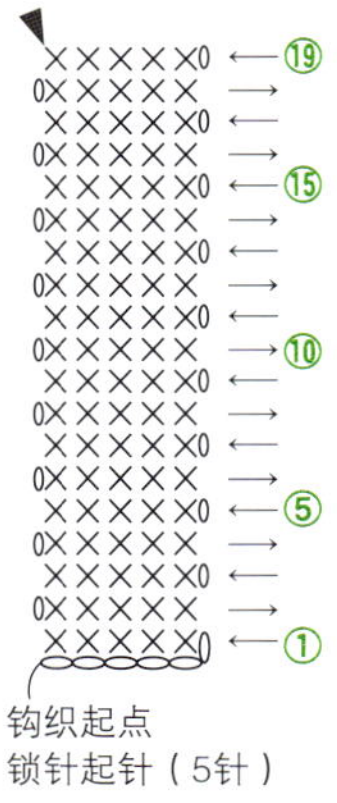

腰封衬垫

黄色系

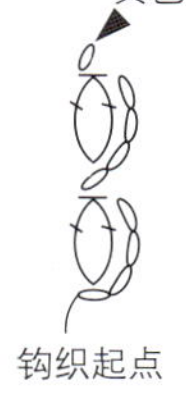

※钩织起点和钩织终点处留出6cm的线头

拼接方法

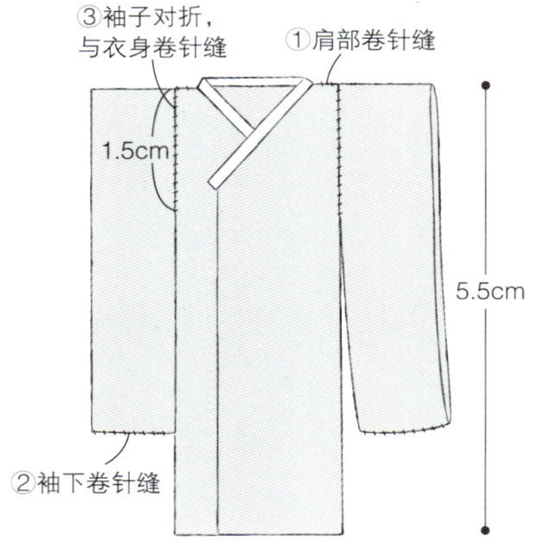

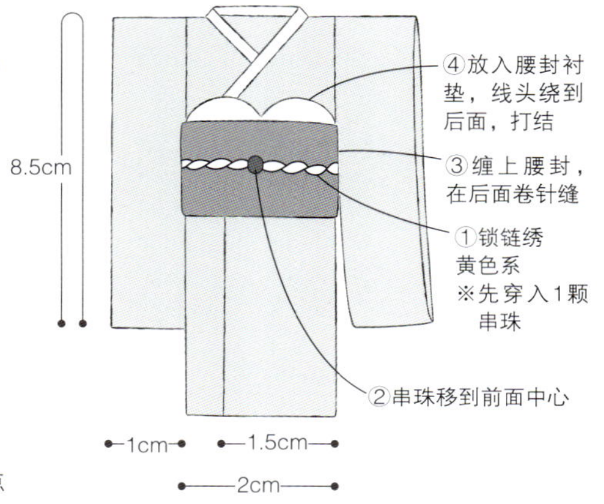

92

尺寸…参照图

作品详见P64

Emmygrande 紫色系（676）…1g
Emmygrande <Colors> 黄色系（543）…少许
填充棉…少许
蕾丝针0号

基底　2块　紫色系

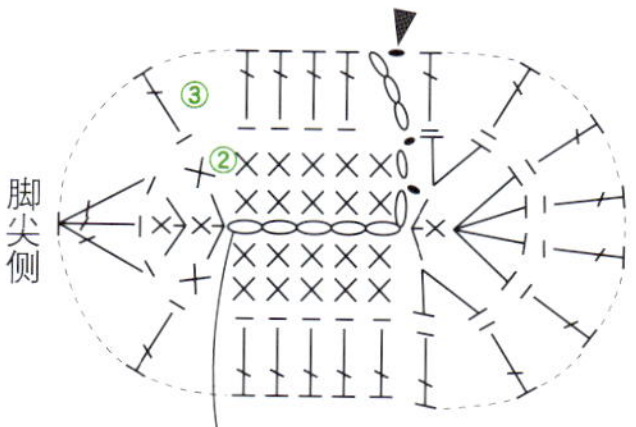

=长针的挑针

底面　2块　紫色系

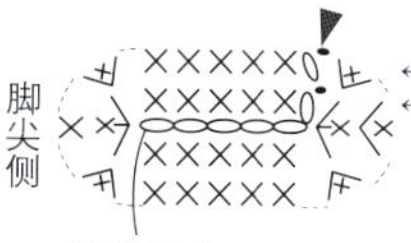

草屐带　2根　黄色系

拼接方法

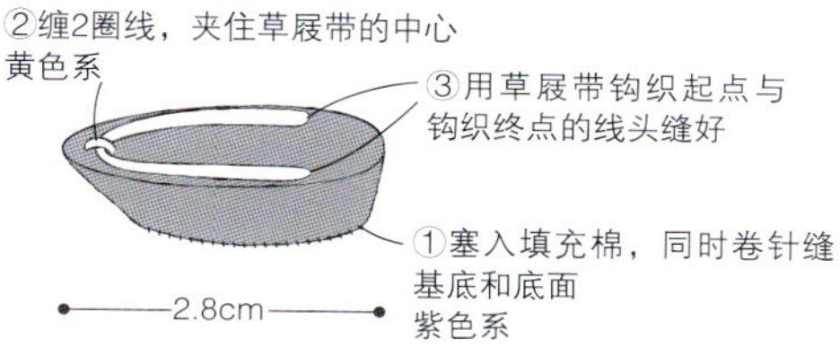

※用同样的方法制作两个

95

尺寸…参照图

作品详见P65

Emmygrande 灰色系（416）…少许
Emmygrande <Herbs> 米褐色系（814）…1.5g
填充棉…少许
蕾丝针0号

——=米褐色系
——=灰色系

主体

※紧密钩织第24行的引拔针

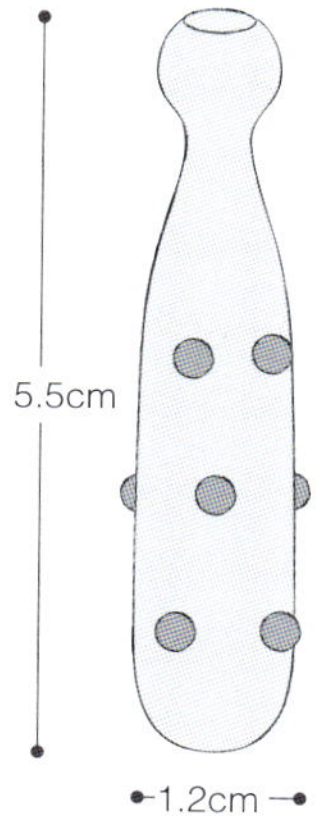

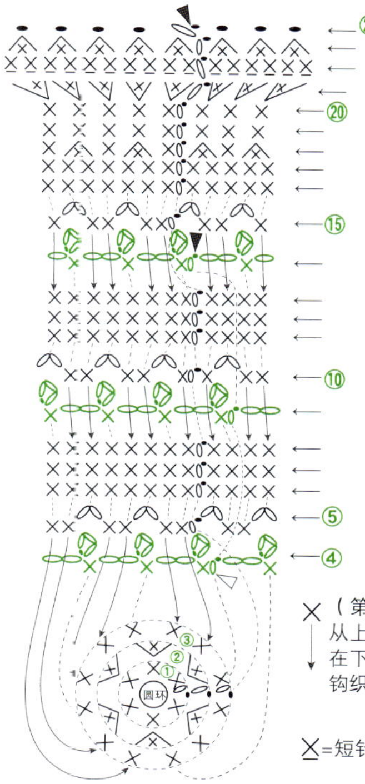

（第5、10、15行）从上一行的内侧插入钩针，在下两行箭头所指的针目中钩织短针

=短针的挑针

93·94

尺寸…参照图

作品详见P65

93：Emmygrande 茶色系（736）…少许
Emmygrande <Colors> 蓝色系（354）、白色（801）…各少许
圆形大串珠 黑色…2颗
94：Emmygrande 茶色系（736）…少许
Emmygrande <Colors> 橙色系（172）、白色（801）…各少许
圆形大串珠 黑色…2颗
蕾丝针0号

主体

93·94共通
——=茶色系
93
——=蓝色系
94
——=橙色系

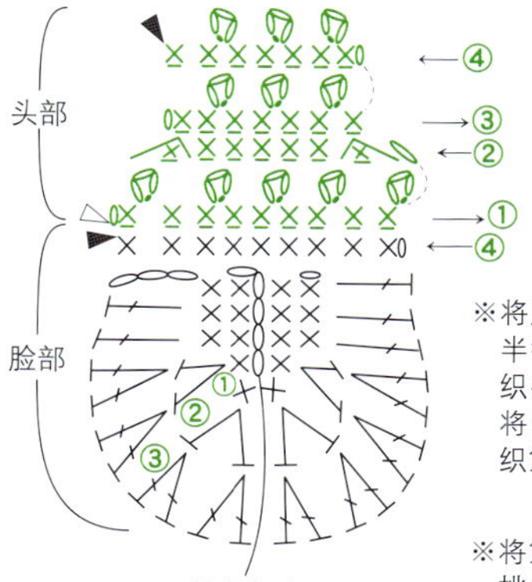

※将脸部第4行针目的外侧半针（1根线）挑起后钩织头部的第1行，然后再将剩余的半针挑起后钩织第2行

※将第2行针目的外侧半针（1根线）挑起后钩织头部的第3行，然后再将剩余的半针挑起后钩织第4行

拼接方法

93

犄角　1根　白色

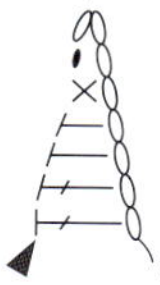

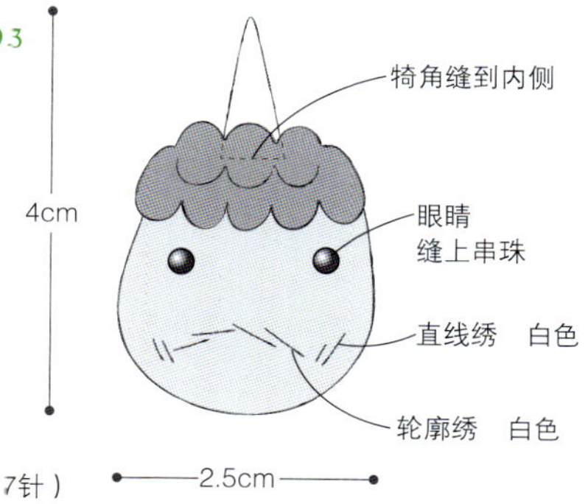

94

犄角　2根　白色

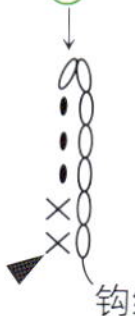

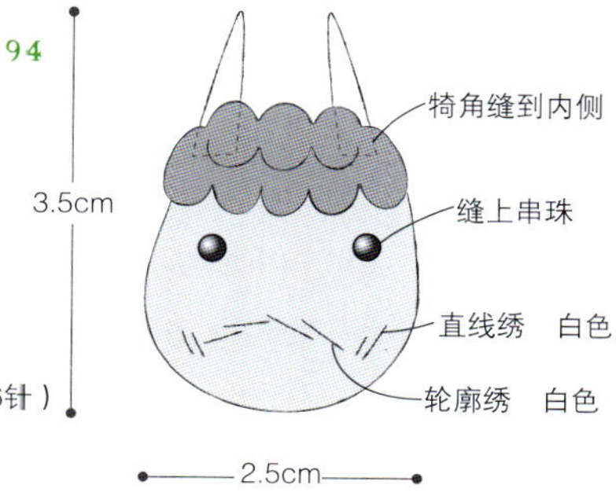

96 a
咖啡巧克力

96 b
薄荷巧克力

97
樱桃巧克力

钩织方法：P70　设计 / 制作　Matsumoto Kaoru

98

心形

99

心形

100

礼物

钩织方法：P71　设计 / 制作　Matsumoto Kaoru

96

尺寸…参照图

作品详见P68

a: Emmygrande 茶色系（738）…3g，Emmygrande <Herbs> 茶色系（777）…少许
b: Emmygrande <Herbs> 茶色系（777）…3g，绿色系（273）…少许
填充棉…少许
蕾丝针0号

拼接方法

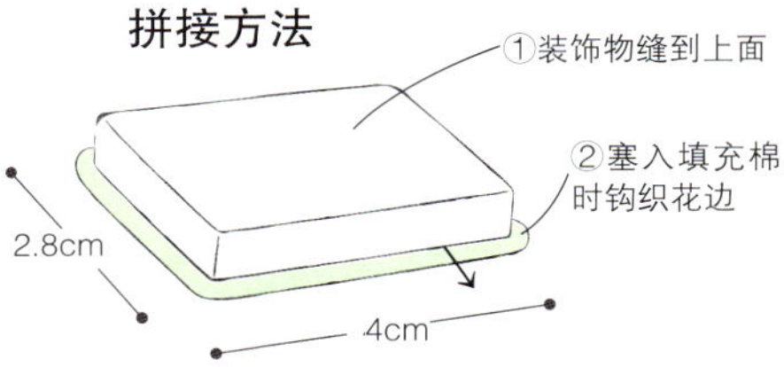

上面和侧面

a 茶色系（738）
b 茶色系（777）

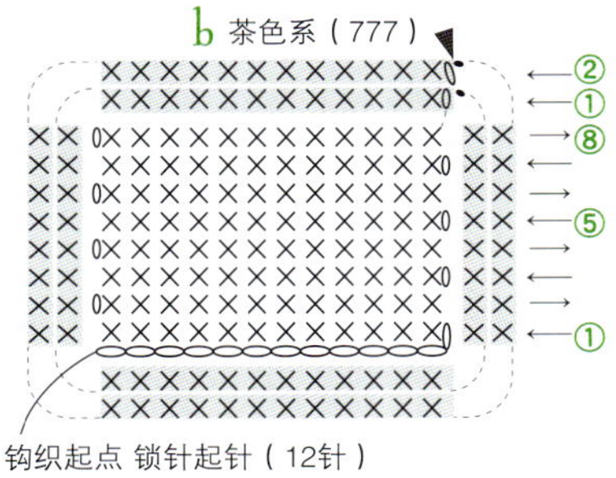

底面

a 茶色系（738）
b 茶色系（777）

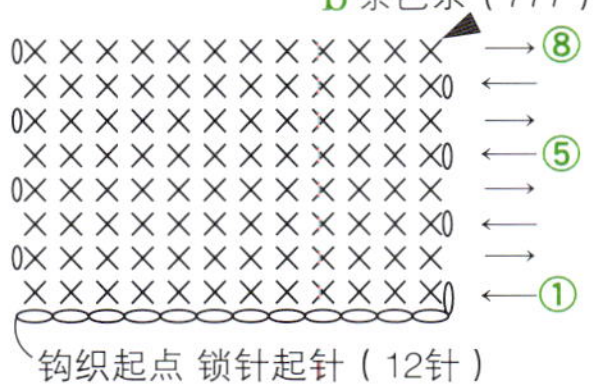

花边钩织

a 茶色系（738）
b 茶色系（777）

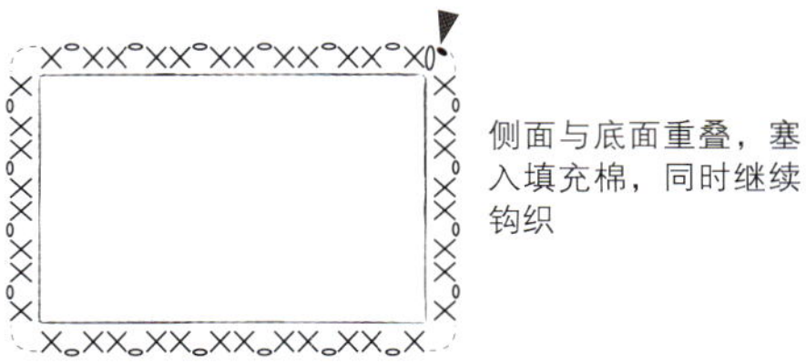

装饰物

咖啡豆

茶色系（777）

a

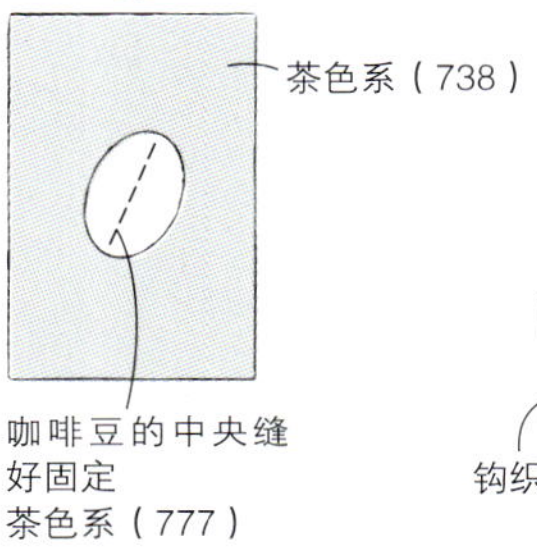

薄荷叶

绿色系

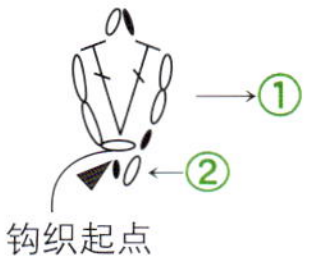

b

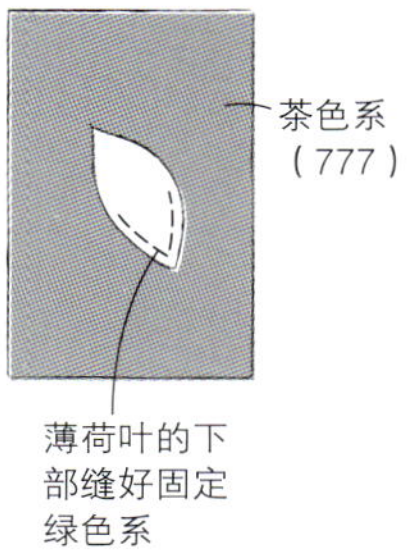

97

尺寸…参照图

作品详见P68

Emmygrande 红色系（192）…1g
Emmygrande <Herbs> 茶色系（777）…1g，绿色系（273）…少许
填充棉、黏合剂…少许
蕾丝针0号

茎

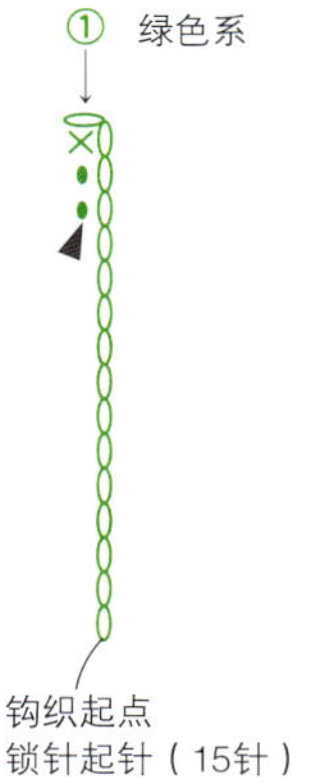

果实

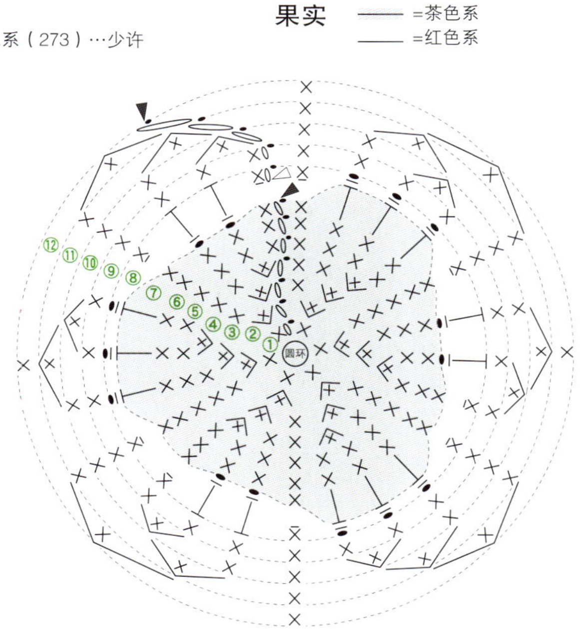

※将上一行外侧的半针（1根线）挑起后钩织第8行

拼接方法

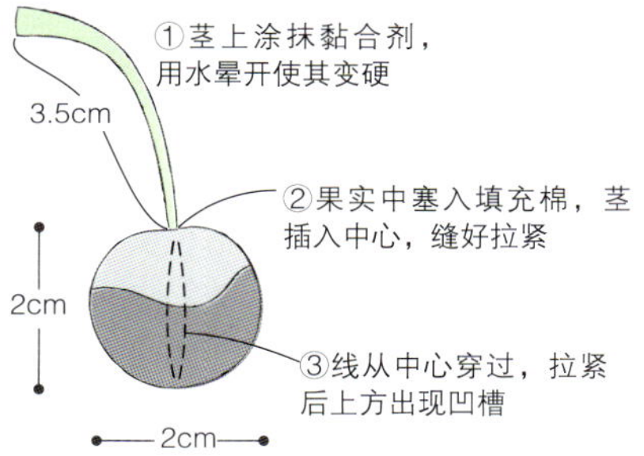

98

尺寸…参照图

作品详见P69

Emmygrande <Herbs> 米褐色系（732）…1g，红色系（190）…少许
填充棉…少许
蕾丝针0号

主体 2块

——=红色系
——=米褐色系

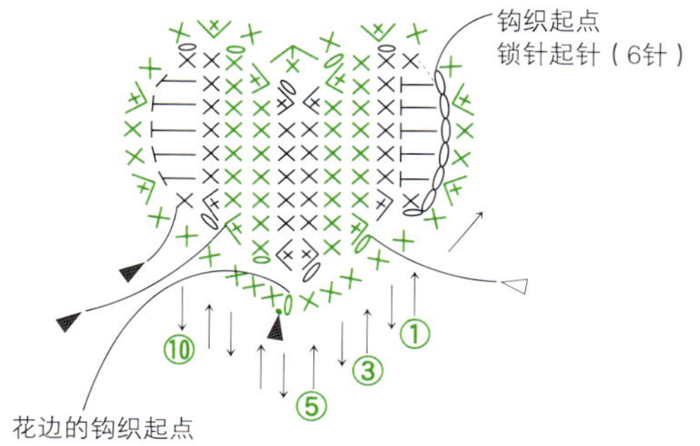

※钩织花边时，将主体的两块织片正面朝外对齐，塞入填充棉的同时继续钩织

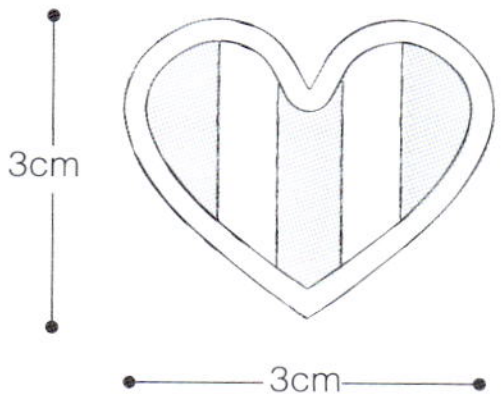

99

尺寸…参照图

作品详见P69

Emmygrande <Herbs> 红色系（190）…1g，米褐色系（732）…少许
填充棉…少许
蕾丝针0号

主体 2块

——=红色系
——=米褐色系

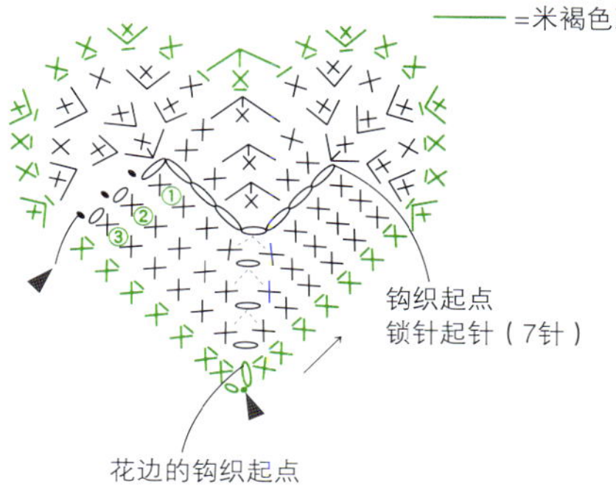

※钩织花边时将主体的两块织片正面朝外合拢，分别将与短针相对的中心侧半针（1根线）挑起，塞入填充棉的同时继续钩织

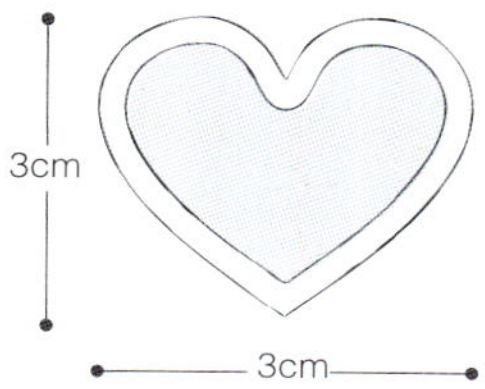

100

尺寸…参照图

作品详见P69

Emmygrande <Colors> 本白色（804）…3g
Emmygrande <Herbs> 红色系（190）…少许
填充棉…少许
蕾丝针0号

绳带 红色系

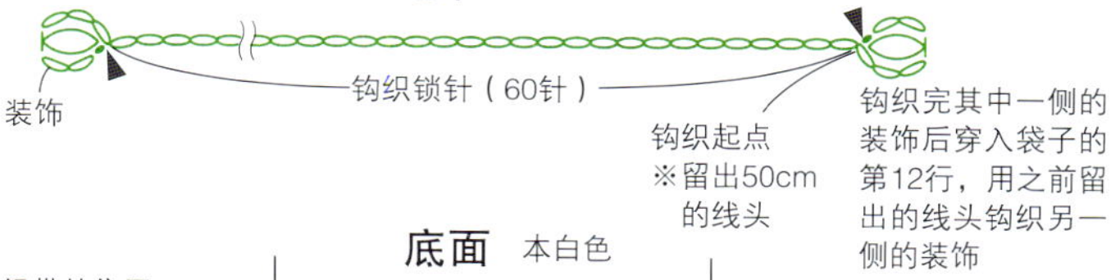

底面 本白色

起针锁针的★与☆重叠，钩织

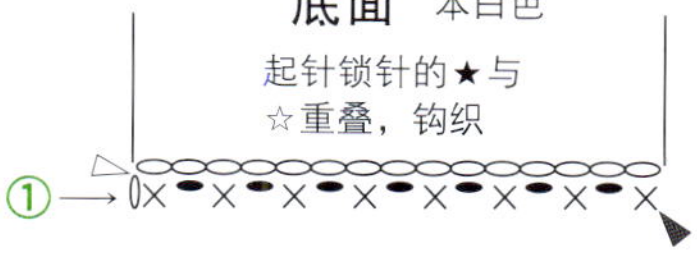

X·V（第18行）=从上一行的内侧插入钩针，在第16行箭头所指的针目中织入短针

主体

——=本白色
——=红色系
▭=穿入绳带的位置

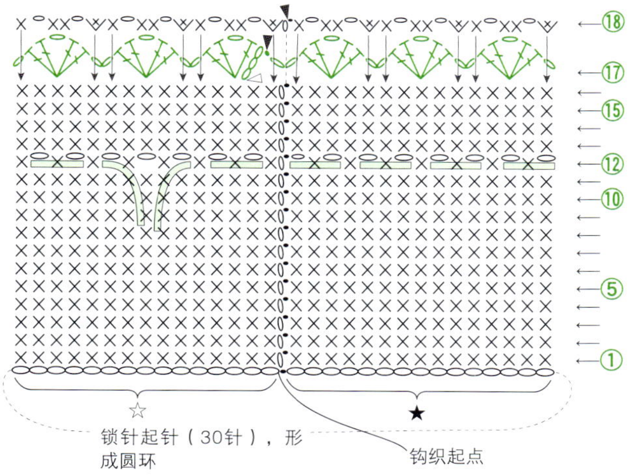

拼接方法

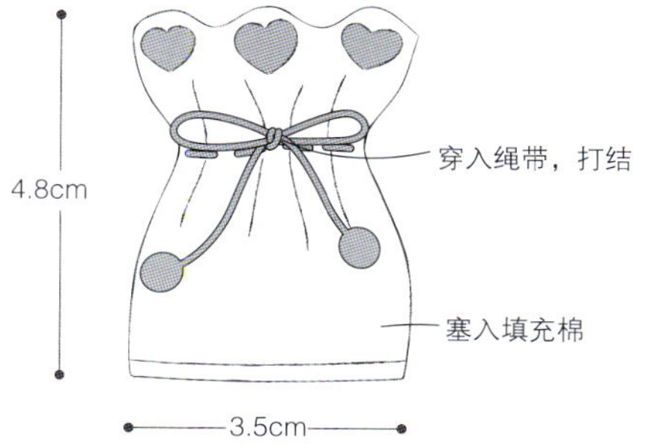

Material Guide 用线的介绍

Emmygrande （实物等大）

下面介绍本书中用到的Emmygrande系列颜色样本、金银线。
丰富的种类、漂亮的颜色，让你的作品更出众。

Emmygrande 棉100% 每卷50g 约218m（45色） 每卷100g 约436m（3色） 蕾丝针0号~钩针2/0号

Emmygrande <Kasuri><Mix> 棉100% 每卷25g 约109m 蕾丝针0号~钩针2/0号

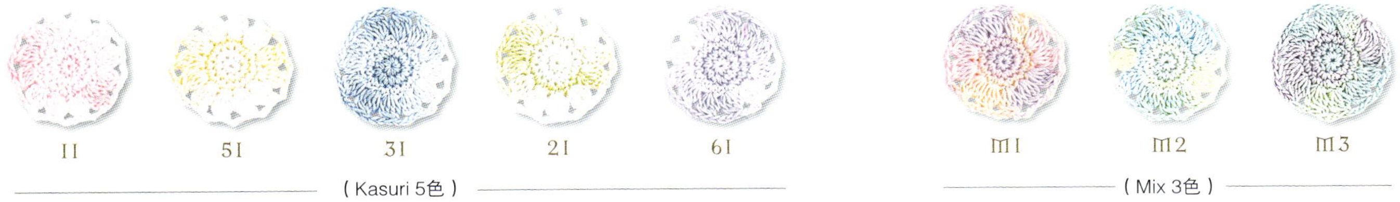

※各线自左起均为材质→重量→线长→色号→适合用针
※印刷物多少存在色差
※★印记处表示另有每卷100g的产品

Emmygrande <Herbs>

棉100% 每卷20g 约88m（18色） 蕾丝针0号~钩针2/0号

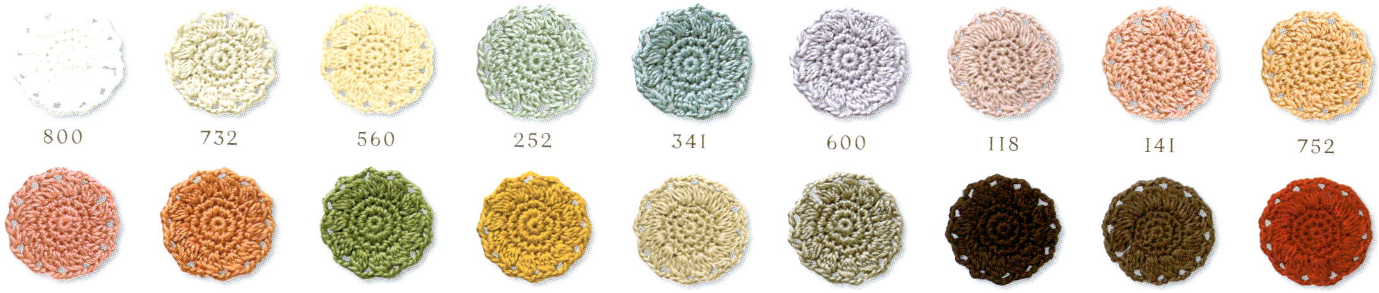

800 732 560 252 341 600 118 141 752

119 171 273 582 721 814 777 745 190

Emmygrande <Colors>

棉100% 每卷10g 约44m（22色） 蕾丝针0号~钩针2/0号

188 172 555 543 229 264 265 222 391

371 355 354 675 127 155 755 514 734

★804 ★801 316 ★901

Emmygrande <Lame>

棉96% 涤纶4% 每卷25g 约106m（8色） 蕾丝针0号~钩针2/0号

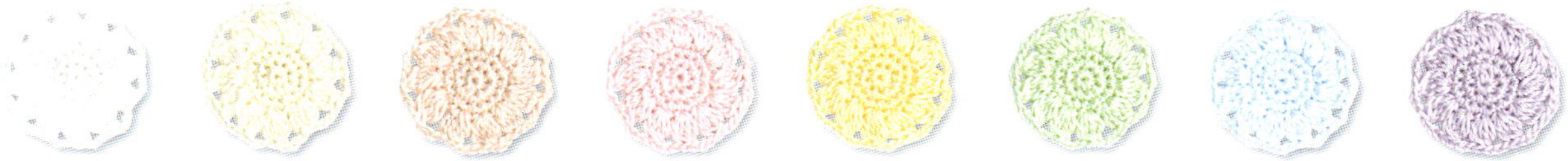

L801 L804 L111 L116 L539 L251 L302 L671

（实物等大）

Renaissance Lame

人造纤维 64% 涤纶36% 每卷25g 约160m（3色） 钩针4/0号~5/0号

Lame 25g

人造纤维 66% 涤纶34% 每卷25g 约305m（7色）

记号图的看法

根据日本工业规格（JIS），所有的记号表示的都是编织物表面的状况。
钩针编织没有正面和反面的区别（拉针除外）。交替看正反面进行平针编织时也用相同的记号表示。

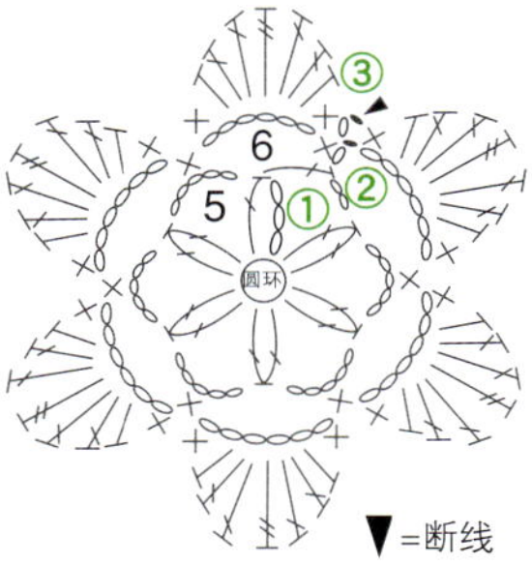

从中心开始钩织圆环

在中心编织圆圈（或是锁针），像画圆一样逐行钩织。在每行的起针处都进行立起钩织。通常情况下都面对编织物的正面，从右到左看记号图进行钩织。

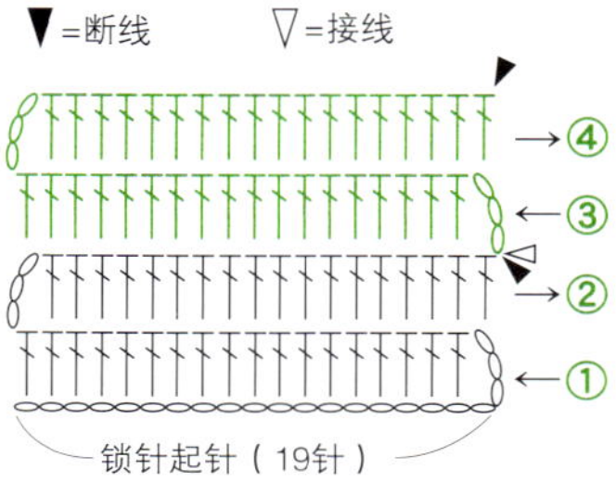

平针钩织

特点是左右两边都有立锁针，当右侧出现立起的锁针时，将织片的正面置于内侧，从右到左参照记号图进行钩织。当左侧出现立锁针时，将织片的反面置于内侧，从左到右看记号图进行钩织。图中所示的是在第3行更换配色线的记号图。

线和针的拿法

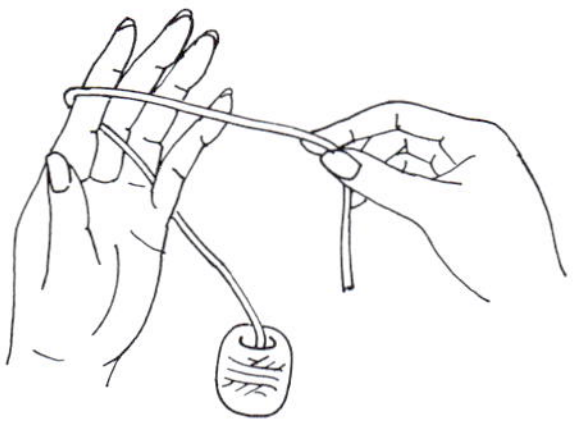

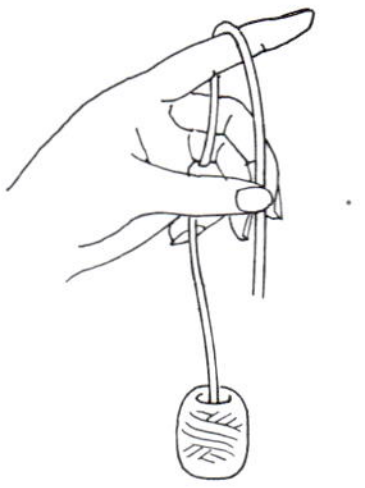

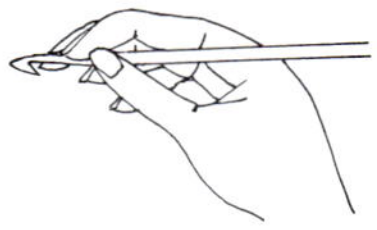

1 将线从左手的小指和无名指间穿过，绕过食指，线头拉到内侧。

2 用拇指和中指捏住线头，食指挑起，将线拉紧。

3 用拇指和食指握住针，中指轻放到针头。

最初起针的方法

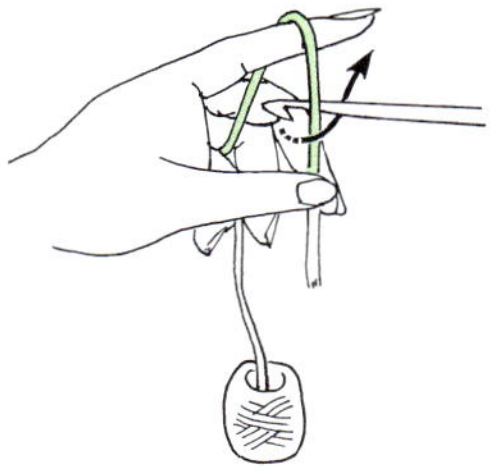

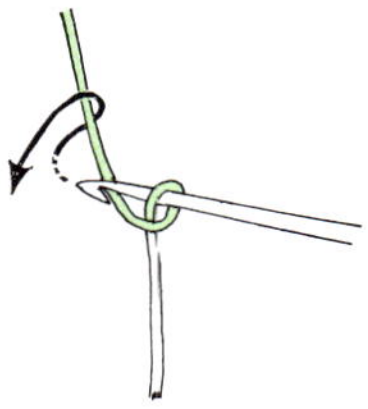

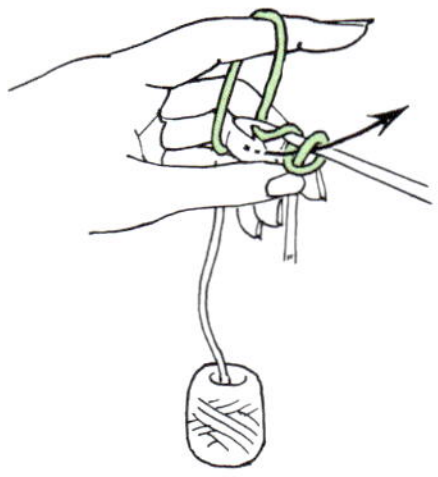

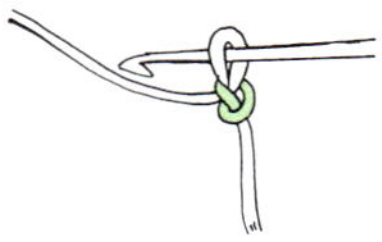

1 针从线的外侧插入，调转针头。

2 然后再在针尖挂线。

3 钩针从圆环中穿过，再在内侧引拔穿出线圈。

4 拉动线头，收紧针目，最初的起针完成。这针并不算作第1针。

锁针的看法

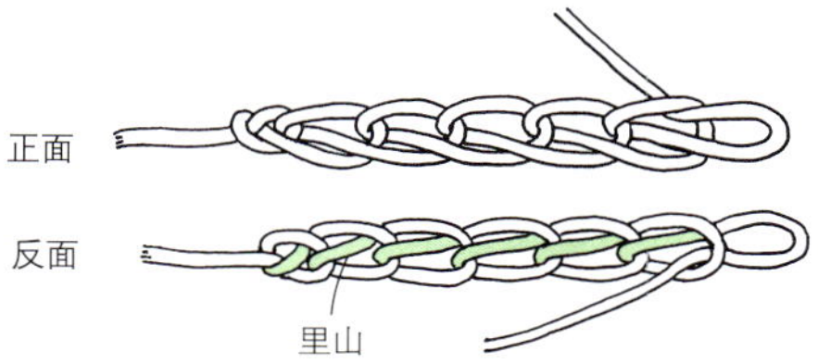

锁针有正反之分。
反面中央的一根线成为锁针的“里山”。

起针

从中心开始钩织圆环（用线头制作圆环）

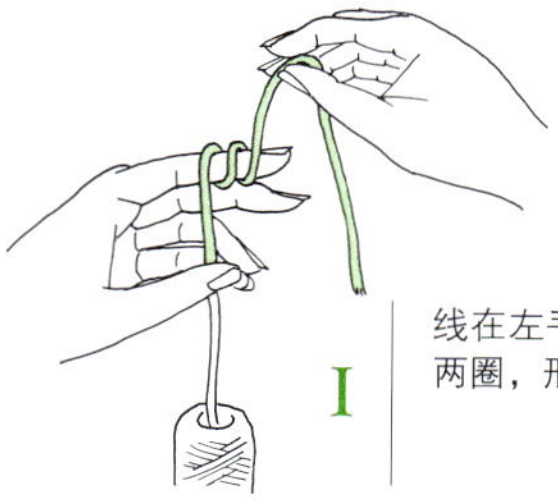

1 线在左手食指上绕两圈，形成圆环。

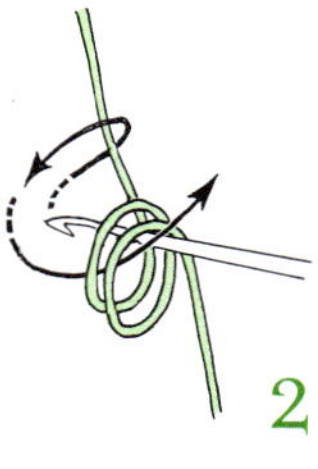

2 圆环从手指上取出，钩针插入圆环中，再引拔将线抽出。

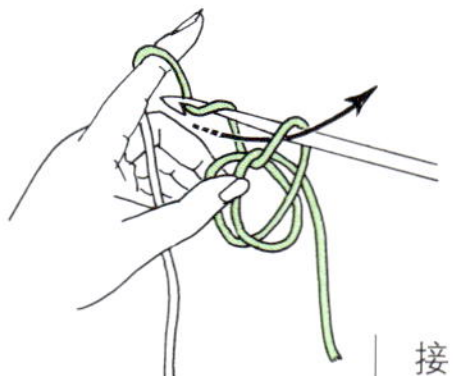

3 接着再在针上挂线，引拔抽出，钩织1针立起的锁针。

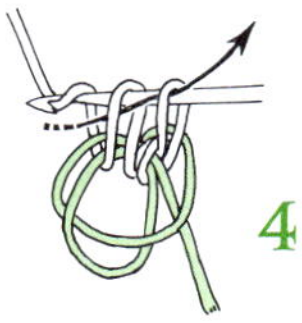

4 钩织第1行时，将钩针插入圆环中，织入必要数目的短针。

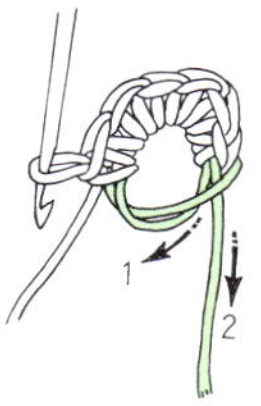

5 暂时取出钩针，拉动最初圆环的线和线头，收紧线圈。

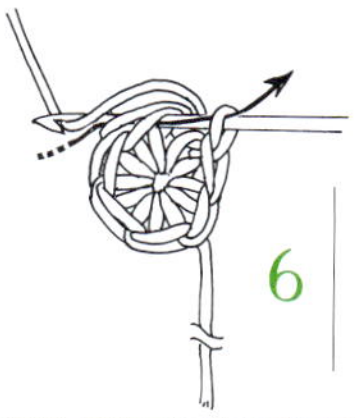

6 第1行末尾时，钩针插入最初短针的头针中引拔钩织。

从中心开始钩织圆环（用锁针制作圆环）

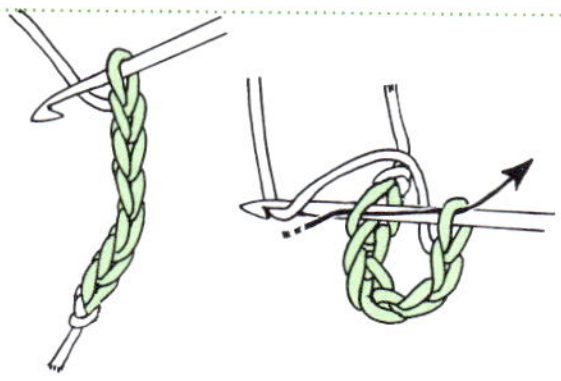

1 织入必要数目的锁针，然后把钩针插入最初锁针的半针中引拔钩织。

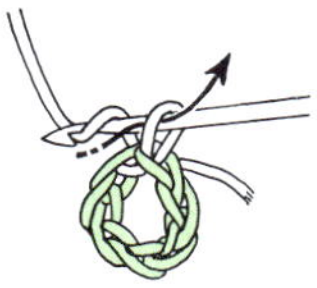

2 针尖挂线后引拔抽出线，钩织立起的锁针。

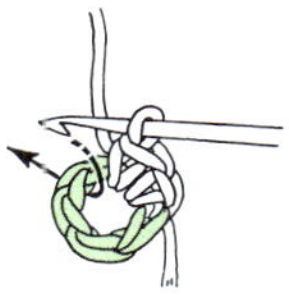

3 钩织第1行时，将钩针插入圆环中心，然后将锁针成束挑起，再织入必要数目的短针。

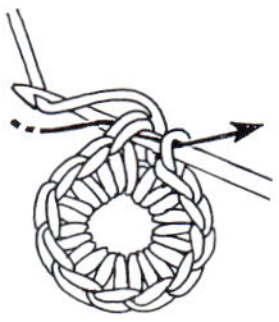

4 第1行末尾时，钩针插入最初短针的头针中，挂线后引拔钩织。

平针钩织

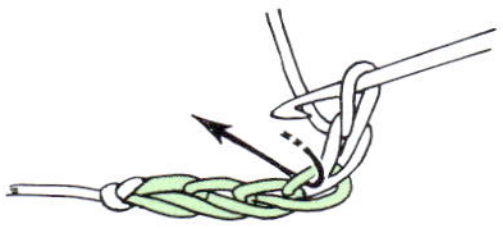

1 织入必要数目的锁针和立起的锁针，在从头数的第2针锁针中插入钩针。

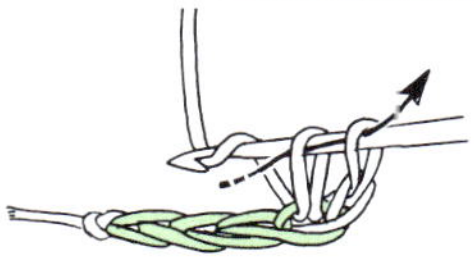

2 针尖挂线后再引拔抽出线。

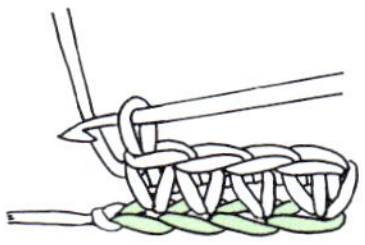

3 第1行钩织完成后如图。（立起的1针锁针不算作1针。）

将上一行针目挑起的方法

在同一针目中钩织

将锁针成束挑起后钩织

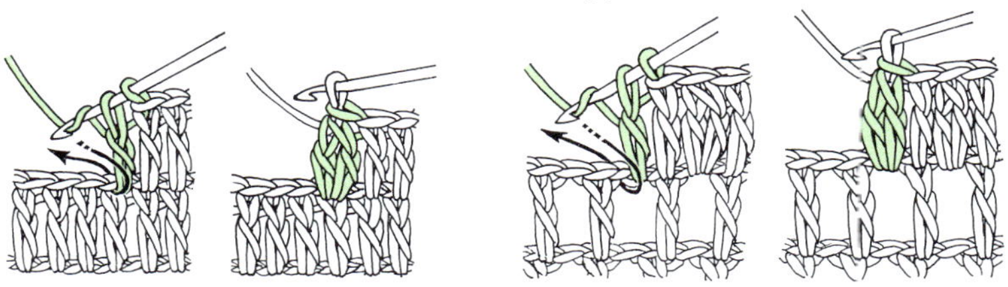

即便是同样的枣形针，根据不同的记号图挑针的方法也不相同。记号图的下方封闭时表示在上一行的同一针中钩织，记号图的下方开口时表示将上一行的锁针成束挑起钩织。

针法符号

锁针

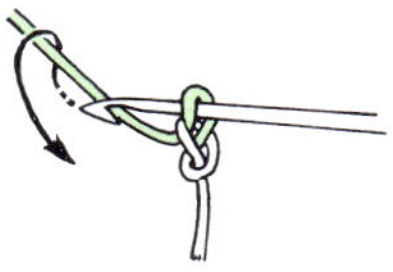

1 钩织最初的针目，针上挂线。

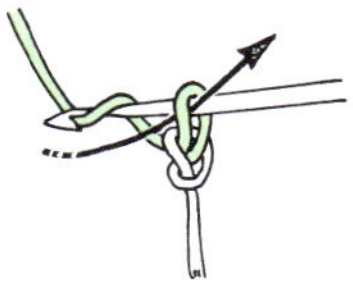

2 引拔抽出挂在针上的线。

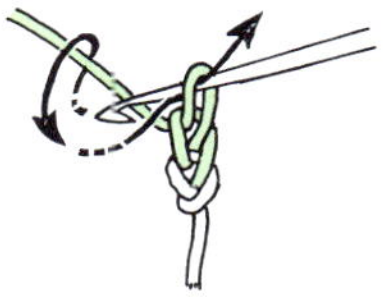

3 按照步骤1、2的方法重复。

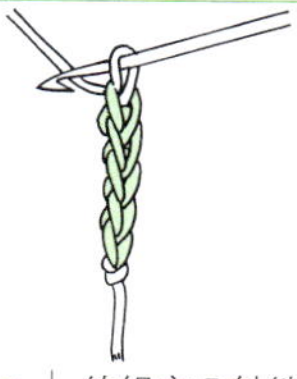

4 钩织完5针锁针。

引拔针

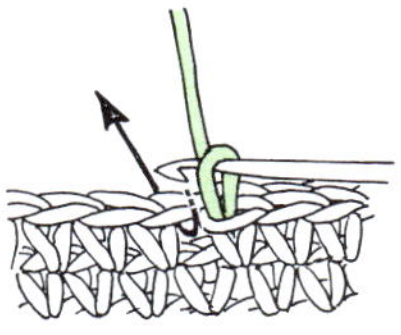

1 钩针插入上一行的针目中。

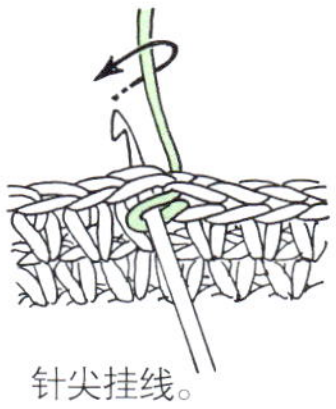

2 针尖挂线。

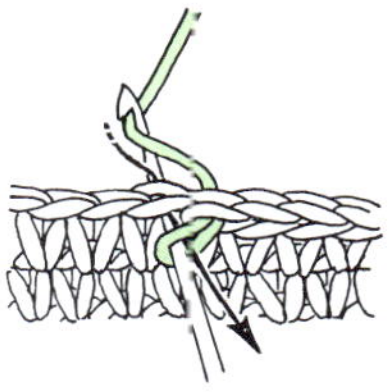

3 一次性引拔抽出线。

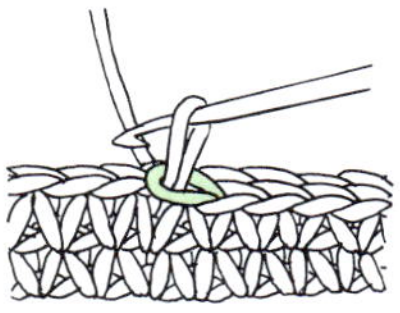

4 完成1针引拔针。

针法符号

短针

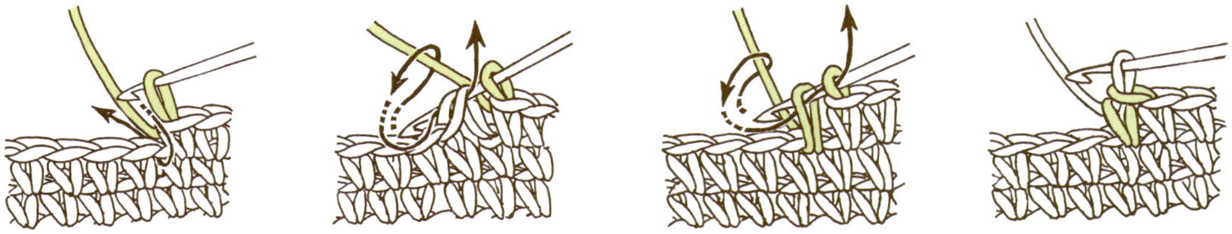

1 钩针插入上一行的针目中。

2 针尖挂线，从内侧引拔穿过线圈。

3 再次在针尖挂线，一次性引拔穿过 2 个线圈。

4 完成 1 针短针。

中长针

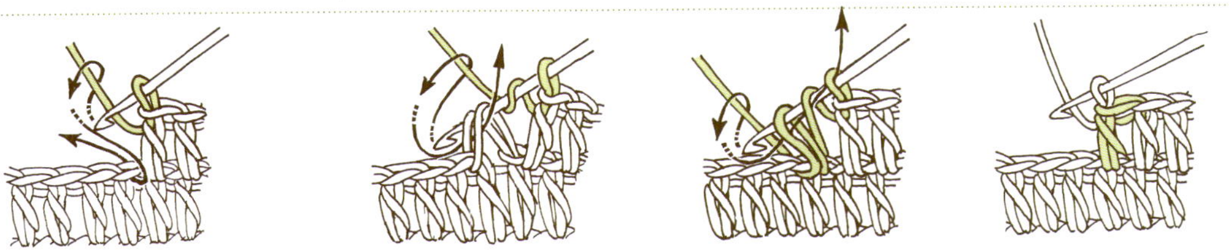

1 针尖挂线后，钩针插入上一行的针目中挑起钩织。

2 再次在针尖挂线，从内侧引拔穿过线圈。

3 针尖挂线，一次性引拔穿过 3 个线圈。

4 完成 1 针中长针。

长针

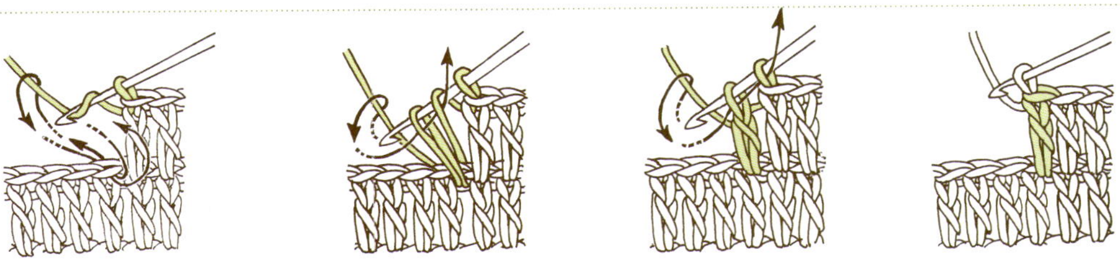

1 针尖挂线后，钩针插入上一行的针目中。然后再在针尖挂线，从内侧引拔穿过线圈。

2 按照箭头所示方向，引拔穿过2个线圈。

3 再次在针尖挂线，按照箭头所示方向，引拔穿过剩下的 2 个线圈。

4 完成 1 针长针。

长长针

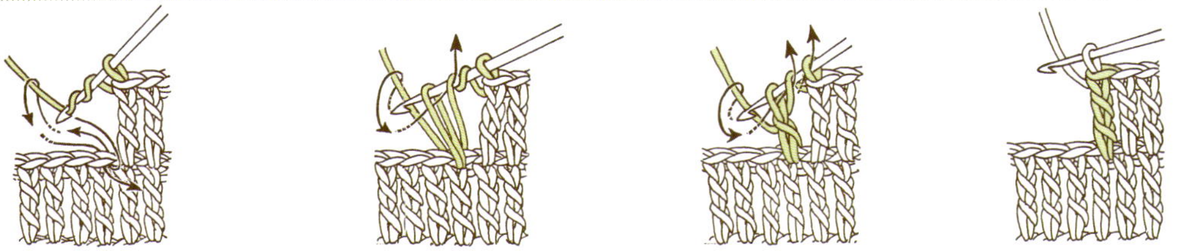

1 线在针尖缠 2 圈后，钩针插入上一行的针目中，然后再在针尖挂线，从内侧引拔穿过线圈。

2 按照箭头所示方向，引拔穿过2个线圈。

3 按照步骤 2 的方法重复 2 次。

4 完成 1 针长长针。

短针 2 针并 1 针

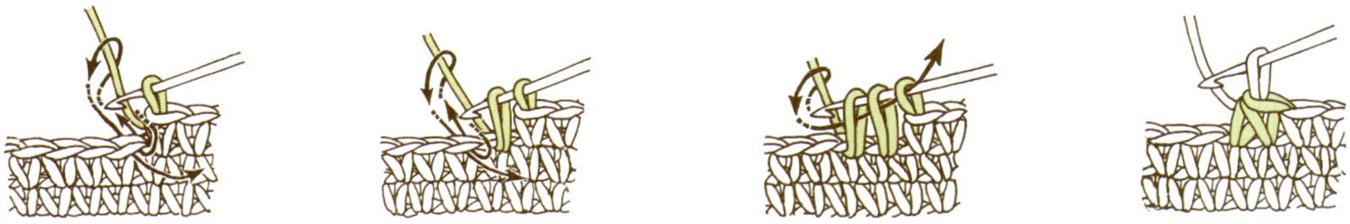

1 按照箭头所示，将钩针插入上一行的 1 个针目中，引拔穿过线圈。

2 下一针也按同样的方法引拔穿过线圈。

3 针尖挂线，引拔穿过 3 个线圈。

4 短针 2 针并 1 针完成，比上一行少 1 针。

针法符号

短针 1 针分 2 针

1 钩织 1 针短针。

2 钩针插入同一针目中，从内侧引拔穿过线圈。

3 针上挂线，引拔穿过 2 个线圈。

4 1 个针目中织入了 2 针短针。比上一行多 1 针。

短针 1 针分 3 针

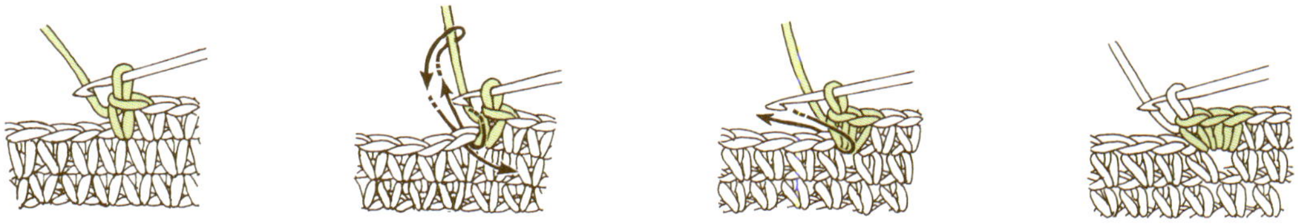

1 钩织 1 针短针。

2 在同一针目中，再钩织 1 针短针。

3 1 个针目中织入了 2 针短针。再在同一针目中钩织 1 针短针。

4 1 个针目中织入 3 针短针。比上一行多 2 针。

锁针 3 针的引拔狗牙针

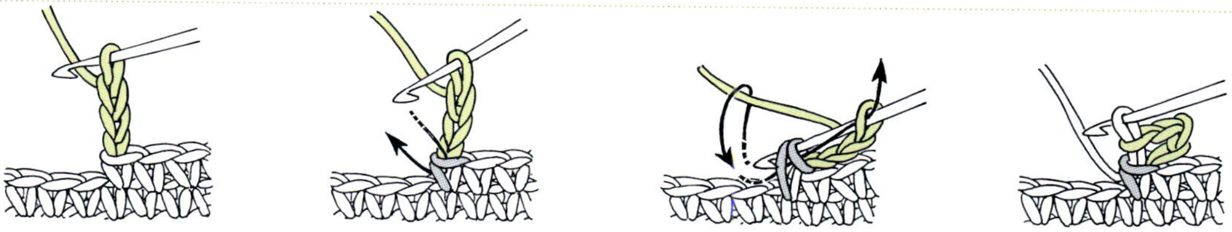

1 钩织 3 针锁针。

2 钩针插入锁针的头半针和尾针 1 根线中。

3 针尖挂线，按照箭头所示一次性引拔穿过线圈。

4 完成锁针的引拔狗牙针。

长针 2 针并 1 针

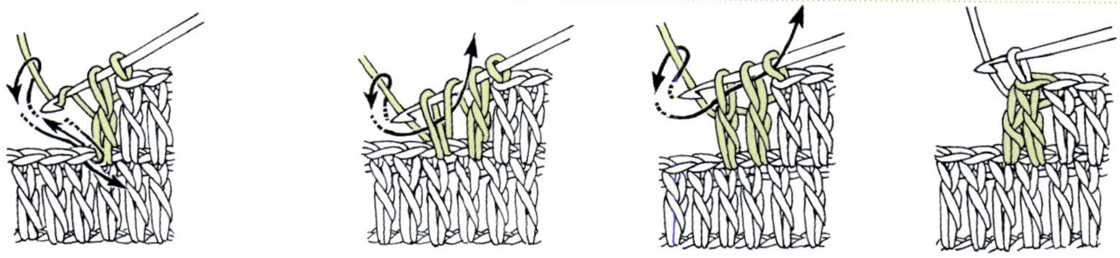

1 在上一行的针目中钩织 1 针未完成的长针，然后按照箭头所示，将钩针插入下一针目中，再引拔抽出线。

2 针尖挂线，引拔穿过 2 个线圈，钩织出第 2 针未完成的长针。

3 再次在针尖挂线，一次性引拔穿过 3 个线圈。

4 长针 2 针并 1 针完成，比上一行少 1 针。

长针 1 针分 2 针

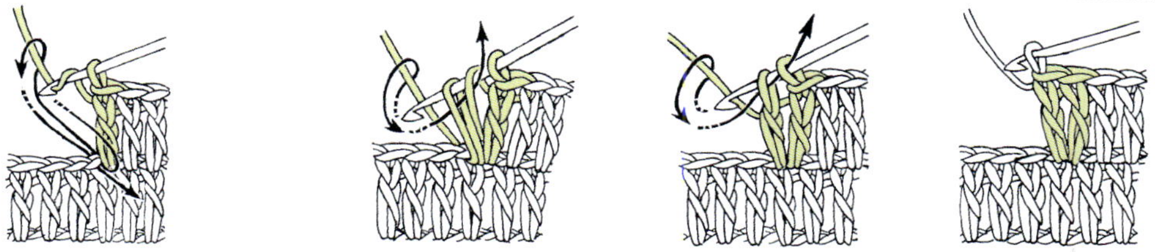

1 钩织完 1 针长针后，在同一针目中再钩织 1 针长针。

2 针尖挂线，引拔穿过 2 个线圈。

3 再在针尖挂线，引拔穿过剩下的 2 个线圈。

4 1 个针目中织入了 2 针长针，比上一行多了 1 针。

针法符号

长针3针的枣形针

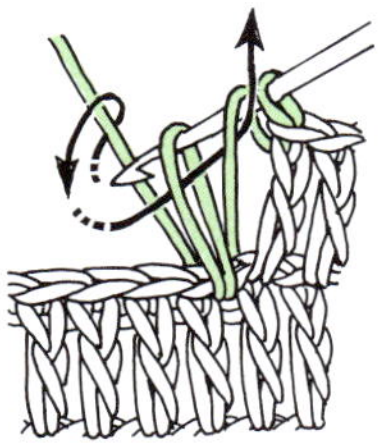

I 在上一行的针目中，钩织1针未完成的长针。

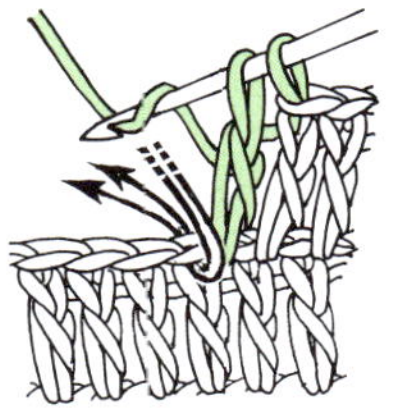

2 在同一针目中插入钩针，再织入2针未完成的长针。

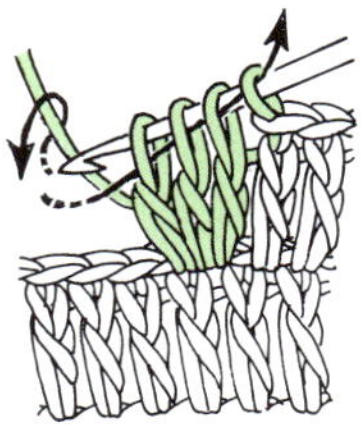

3 针尖挂线，一次性引拔穿过4个线圈。

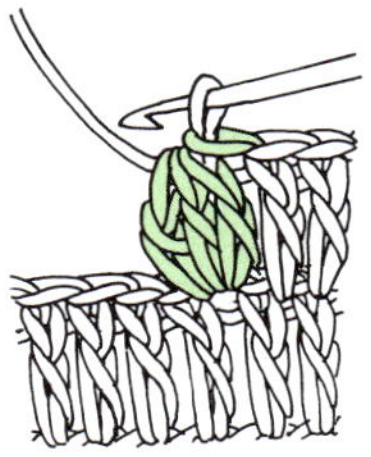

4 完成长针3针的枣形针。

短针的挑针

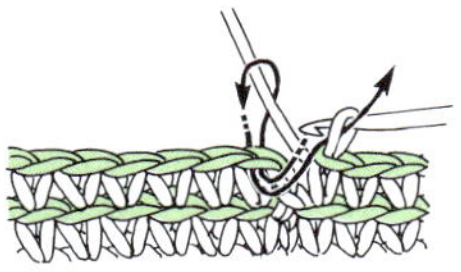

I 看着每行的正面钩织。短针钩织成圈，然后在最初的针目中引拔钩织。

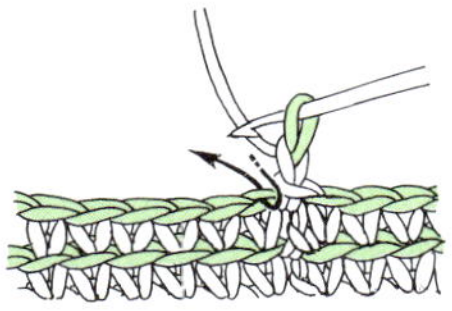

2 钩织1针立起的锁针，将上一行外侧的半针挑起，再钩织短针。

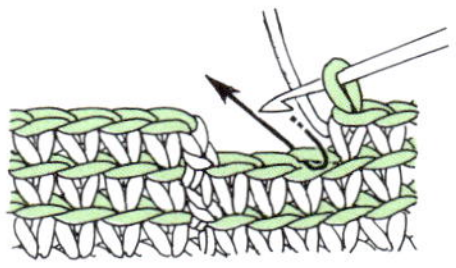

3 按照步骤2的要领，继续钩织短针。

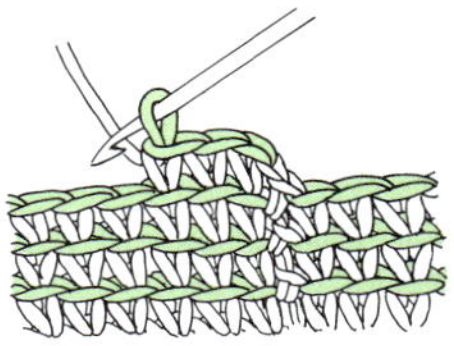

4 上一行内侧的半针形成条纹状。钩织完第3行短针的挑针后如图。

反短针

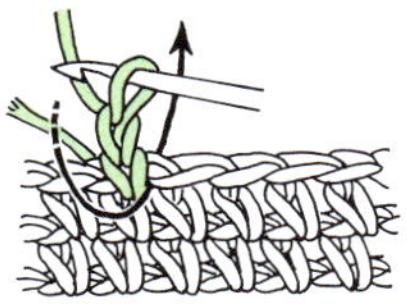

I 钩织1针立起的锁针，按照箭头所示从内侧插入钩织。

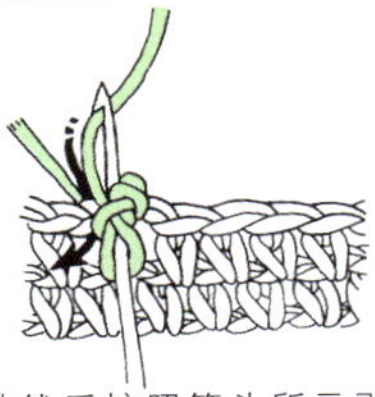

2 挂线后按照箭头所示引拔抽出。

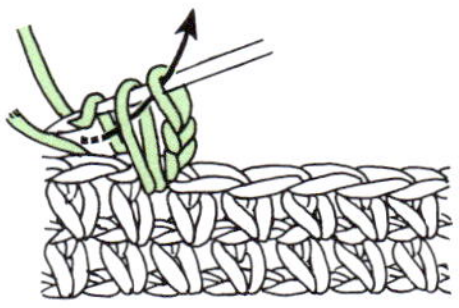

3 再次挂线，一次性引拔穿过两个线圈。

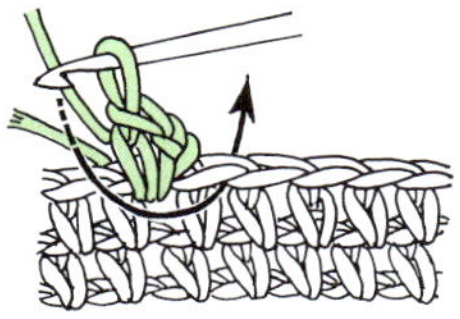

4 按照箭头所示从内侧将钩针插入下面的针目中。

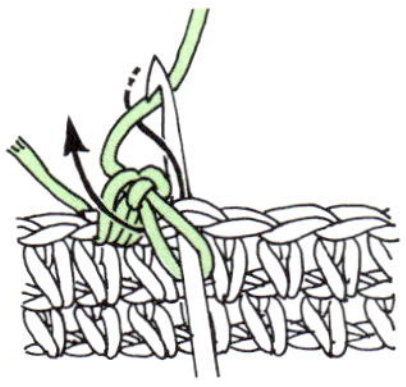

5 挂线后按照箭头所示引拔钩织。

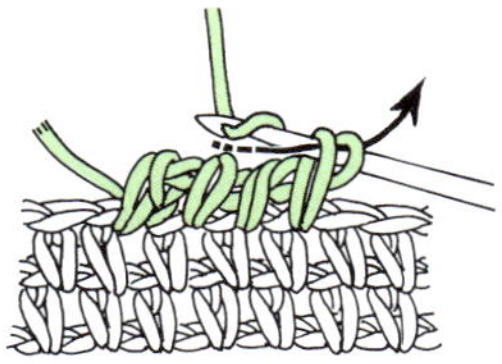

6 再次挂线，一次性引拔穿过两个线圈。如此重复，钩织反短针。

其他基础索引

Basic Lesson

刺绣的基础针法

轮廓绣

※ 从左向右进行刺绣。

1 从 1 穿出针，在距离 1 一针的 2 插入针，然后从此距离的中点 3 穿出。

2 按照同样的方法，在距离 3 一针的 4 插入针，然后从此距离的中点 5（与 2 同一位置）穿出。

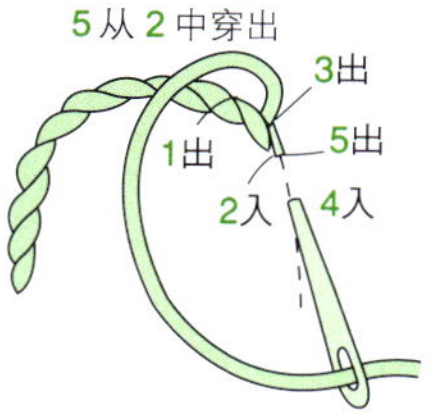

直线绣

1 从 1 穿出针，再插入 2 中。这一针为直线绣针迹。

2 接着按同样的方法在 3、4 间穿动针。

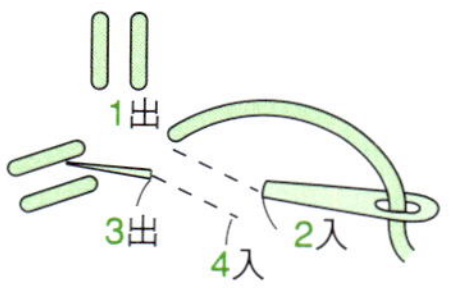

锁链绣

1 从 1 穿出针，插入 2（与 1 同一位置）中，再从 3 中穿出。针尖挂线，将针向上抽出。

2 按同样的方法，在与 3 相同的位置插入针，继续刺绣。

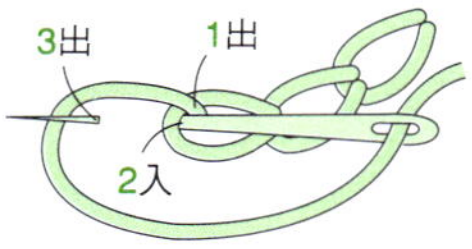

回针绣

1 从 1 中穿出针，往回移一针插入 2 中，再从 3 中穿出。

2 按同样的方法从 3 往回移一针，在 4（与 1 相同的位置）插入针。

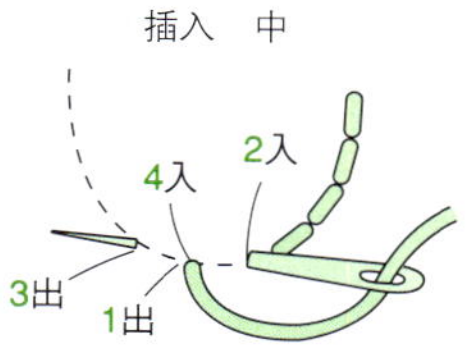

卷针结粒绣

1 从 1 穿出针，再插入 2 中，然后从 3（与 1 相同的位置）中穿出。

2 在针尖缠线，比针迹的长度（2~3）稍微长一些。

3 缠好线后用手压住，同时将针从上方抽出，插入 4（与 2 相同的位置）中。

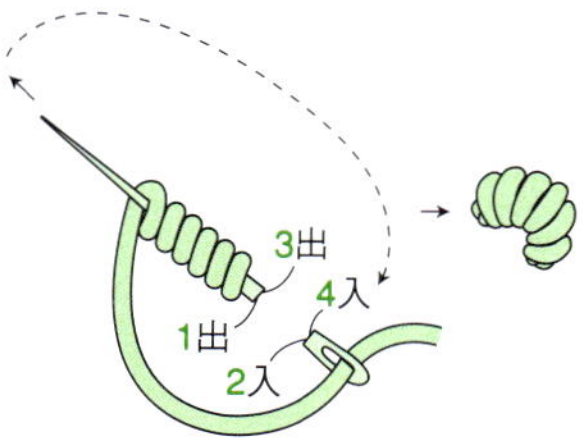

法式结粒绣

1 从 1 中穿出针，针尖缠 2 圈线。

2 缠好线后用手压住，同时将针从上方抽出，插入 2（1 的上方）中。

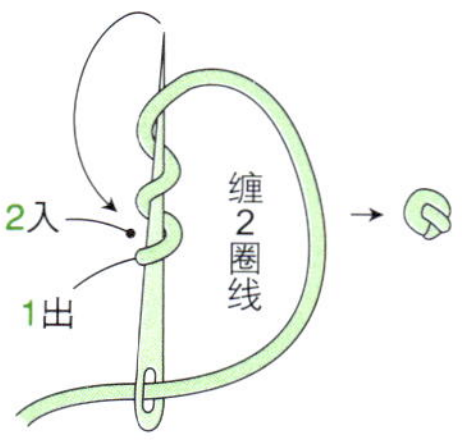

平式花瓣绣

1 从 1 穿出针，再插入 2（与 1 相同的位置）中，然后从 3 中穿出。针尖挂线后将针向上抽出。

2 插入 4（3 的上方）中。

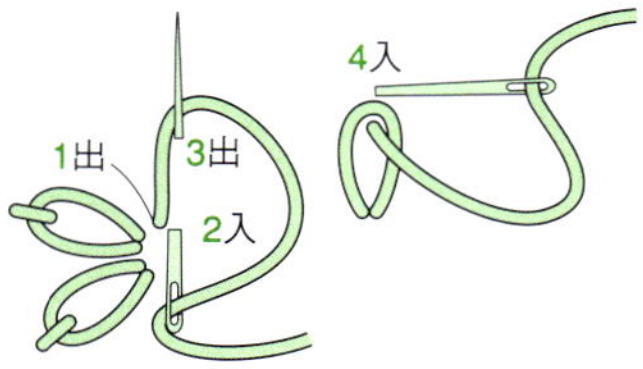

钩针日制针号换算表

日制针号	钩针直径
2 / 0	2.0mm
3 / 0	2.3mm
4 / 0	2.5mm
5 / 0	3.0mm
6 / 0	3.5mm
7 / 0	4.0mm
7.5 / 0	4.5mm
8 / 0	5.0mm
10 / 0	6.0mm
0	1.75mm
2	1.50mm
4	1.25mm
6	1.00mm
8	0.90mm

图书在版编目（CIP）数据

钩出超可爱立体小物件100款. 四季小物篇 / 日本美创出版编著；何凝一译. —郑州：河南科学技术出版社, 2013.8
ISBN 978-7-5349-6161-8

Ⅰ. ①钩… Ⅱ. ①日… ②何… Ⅲ. ①钩针—编织—图集 Ⅳ. ①TS935.521-64

中国版本图书馆CIP数据核字（2013）第112786号

策划制作：北京书锦缘咨询有限公司（www.booklink.com.cn）
总 策 划：陈　庆
策　　划：曹洪峰
设计制作：李瑞霞

出版发行：河南科学技术出版社
地址：郑州市经五路 66 号　　邮编：450002
电话：（0371）65737028　65788613
网址：www.hnstp.cn
责任编辑：刘　欣　梁　娟
责任校对：柯　姣
印　　刷：北京世汉凌云印刷有限公司
经　　销：全国新华书店
幅面尺寸：210 mm × 260 mm　　**印张：**5　　**字数：**120千字
版　　次：2013年8月第1版　　2013年8月第1次印刷
定　　价：28.00元

如发现印、装质量问题，影响阅读，请与出版社联系